攻めてるテレ東、愛されるテレ東

「番外地」テレビ局の生存戦略

A Study of 'TV Tokyo':
Bangaichi TV Station's History and Survival Strategy

Shoichi OTA
太田省一

東京大学出版会

A Study of 'TV Tokyo':
Bangaichi TV Station's History and Survival Strategy
Shoichi OTA
University of Tokyo Press, 2019
ISBN978-4-13-053029-3

目次

はじめに　攻めてるテレ東、愛されるテレ東

私たちはなぜ、テレビを愛するのか？　本書はこの問いから出発し、最後までこの問いにこだわりたい。いや、テレビなんてほとんど見ないし、ましてや愛したことなどこれっぽっちもない、というひともきっといるだろう。しかし、戦後日本社会に生まれ育った多くの人びとにとって、程度の差はあれテレビは愛すべきものであり、話題の中心だったはずだ。

そして現在、最も愛されているテレビ局と言えば、テレビ東京、通称テレ東を措いて他にはないのではなかろうか。もちろん各テレビ局に人気番組や看板番組はある。だが、テレ東ほど局自体の〝キャラ〟を知られ、また愛されているテレビ局は他に見当たらないと言える。

では、どのようにテレ東は愛されているのか？　その一端を紹介するところから話を始めよう。

〝愛されるテレ東〟――「テレ東だけアニメ」の安心感

テレビ東京は「伝説」の多いテレビ局だ。都市伝説をテーマにした人気番組があるからというわけではないだろうが、まことしやかな「伝説」には事欠かない。

そのなかでもポピュラーなのが、おそらく「テレ東だけアニメ」だろう。

世間を揺るがすような事件、事故、災害などが起こったとする。すると各テレビ局は、放送中の番組

を中断して一斉に特別番組を組む。ところがテレビ東京だけは、番組表の予定通りにアニメやB級映画を放送している、という「伝説」である。実際、過去には「湾岸戦争の時は「ムーミン」をやっていたし、オウム裁判の時には一部で温泉番組を、小泉首相靖国参拝には通販を、小保方さん会見やサッカーブラジルW杯代表発表の時も「午後ロード」（引用者注：「午後のロードショー」のこと）の映画を、フツーに放送」（伊藤成人『テレ東流 ハンデを武器にする極意——〈番外地〉の逆襲』岩波書店、二〇一七年、九頁）していた。

ただ、テレビ東京が緊急特番を組むこともないわけではない。たとえば、二〇一六年にアメリカのオバマ大統領が広島を初めて訪問した際にはアニメを休んで生特番を組んだ（同書、九—一〇頁）。とはいえ、そういうケースがかなりまれなことは確かだろう。かく言う私自身、テレビを見ていて「テレ東だけアニメ」の状況に遭遇したことが何度かある。そして「テレ東だけアニメ」のことをすでに聞き知っている私は、わざわざチャンネルをテレビ東京に合わせ、そうなっているかどうか確認したりもした。

もちろん、テレビ東京は意図的にそうしているわけではない。そうせざるを得ない事情を抱えているから、「テレ東だけアニメ」という事態が起こる。

この後の歴史編で詳しく述べるが、テレビ東京は一九六四年、「東京12チャンネル」として現在ある在京キー局のなかで最も遅れて開局した。しかも一般総合局ではなく科学教育専門局として。つまり、教育教養番組の放送がメインで、娯楽番組の割合が厳しく制限されたなかでの船出だった。さらに他局とは異なり、民間企業ではなく財界が設立した財団法人が経営母体。したがって、良くも悪くも収益を上げようという意識が薄く、異色と言えば聞こえはいいが、視聴率面で苦戦するのは最初から目に見えていた。

そして予想通りと言うべきか、視聴率はやはりまったく振るわなかった。加えて当てにしていた資金援助の目論見も外れ、開局からそれほど時が経たないうちに早くも一日の放送時間の大幅な短縮、大規模な人員整理を余儀なくされた。高度経済成長期のテレビの普及を背景に他の在京キー局が競って進めた全国的ネットワークの構築も、当然後回しになった。ようやく名古屋、大阪と結ぶ大都市圏限定のネットワークを築いたのは、「東京12チャンネル」から「テレビ東京」に局名を変更した一九八〇年代前半になってからのことだった。

その状況は、いまも基本的には続いている。他の民放局に比べて予算、人員、ネットワークなどの面で後れを取っているため、大きなニュースになるような出来事が発生したときに即応する体制が不十分なのである。「テレ東だけアニメ」は、それだけが理由ではないとはいえ、制作者側からすれば苦渋の選択という面が強い。

ただし、視聴者の側に「テレ東だけアニメ」を非難する様子は露ほどもない。むしろ逆である。もしテレビ東京が他局と横並びに特番を編成するようなことになれば、それは日本社会にとって根幹を揺るがすような本当に大変なことが起こっているということになる。だから「テレ東だけアニメ」であるのを見て、私たち視聴者は「ああ、まだ日本は安心だ」とホッとする（実際、私がわざわざチャンネルを合わせて確認したのも、そう思いたいからだった）。その意味では、テレビ東京はテレビに残された「最後の砦」なのである。

この一事をとってみても、テレビ東京は〝愛されている〟。これがもしＮＨＫや他の在京キー局だったら、「ジャーナリズムとして無責任」とか「報道機関として怠慢」とか言って非難されるに違いない。ところが、テレビ東京だと「さすがテレ東」となる。むろんそこにはネタ的な扱いをして面白がっている部分も少なからずある。だがその点も込みで、これほど愛されているテレビ局は他にない。

テレビ東京は攻める――「テレ東だけサッカー」になった日

しかしながら、そんなおよそテレビ局らしからぬのんびりとした雰囲気だけがテレビ東京の愛される理由ではない。テレビ東京が愛される真の理由、それはテレビ東京が〝攻めてる〟テレビ局だからである。

〝攻めてる〟とは、常識的に見れば困難、無謀と思われるアイデアや企画を実現してしまう積極的かつ大胆な姿勢を指す。現在のテレビ東京に対する評価の高まりは、そんなアイデア・企画勝負の「テレ東らしさ」がジャンルを問わずどの番組にも一貫して感じ取れるからである。そしてそれは昨日今日始まったことではなく、開局当時からそうだった。その詳細については歴史編でふれることにするが、ここではひとつだけ象徴的と思える例を挙げてみたい。

実は、テレビ東京はスポーツに強い局である。

目下のところテレビ東京の歴代最高視聴率は、一九九三年一〇月二八日に放送されたサッカーワールドカップアジア地区最終予選「日本対イラク」戦の生中継である。その視聴率は、夜一〇時から夜中にかけての放送にもかかわらず、四八・一パーセント（関東地区、ビデオリサーチ調べ。以下、本書における視聴率の数字に関しては、特に断りのない場合はすべて同様）を記録した。この年の視聴率年間トップが『NHK紅白歌合戦』（第二部）の五〇・一パーセント。それに次ぐ僅差の二位というところからも、この数字がいかに高いものだったかがわかるだろう。

このときの結果は、試合会場のあったカタールの首都・ドーハにちなんで「ドーハの悲劇」として有名だ。当時まだワールドカップ出場経験のなかった日本は試合終盤まで二対一でリードし、悲願の初出場まであと一歩というところまで来ていた。ところがロスタイム（アディショナルタイム）にイラクに同点ゴールを許し、一転予選敗退となってしまった。現在、ワールドカップの日本代表戦は年間トップクラスの視聴率を記録するキラーコンテンツだが、そうなったきっかけはこの試合だったと言っても過言ではないだろう。

ではなぜ、この劇的な展開となった試合の中継をテレビ東京が担当できたのか？　その背景には、テレビ東京が東京12チャンネル時代から地道に築いてきたサッカーとの深い関係があった。

いまでこそ日本人選手が海外のメジャーなサッカーリーグでプレーすることが当たり前になり、日本代表のサッカー中継は人気コンテンツのひとつになっているが、かつてはまったく違っていた。とりわけ、海外のプロサッカーリーグの試合は、ほんの一部のサッカー通以外には関心を持たれていなかった。

そうしたなか、一九六八年に東京12チャンネルで始まったのが『三菱ダイヤモンドサッカー』（以下、『ダイヤモンドサッカー』と表記）である。この番組は、VTRとは言え、それまでせいぜいサッカー雑誌の写真くらいでしか見られなかった海外の一流選手のプレーを目の当たりにできるという点で、サッカーファンには夢のような番組であった。実況のテレビ東京アナウンサー・金子勝彦と解説の岡野俊一郎（番組開始当時日本代表コーチ）のコンビも絶妙で、それも視聴者を惹きつける一因になった。

そして一九七〇年、東京12チャンネルは、さらにある意味無謀とも思える挙に出る。その年に開催されたサッカーワールドカップメキシコ大会のVTRを全試合買い付け、『ダイヤモンドサッカー』で約一年間かけて毎週放送することにしたのである。しかも番組は一時間だったので、前半と後半に分け、二週で一試合分を放送するという変則的なスタイルだった（布施鋼治『東京12チャンネル運動部の情熱』集英社、二〇一二年、一四一頁）。「スポーツは生中継に限る」といういまも根強い考え方からすると魅力が半減するような気がするかもしれない。しかし録画で試合結果もわかっていたとしても、当時のサッカーファンにとっては十分堪能できるものだったのである。

だがもちろん生中継ができるならば、やはりそれに越したことはない。その四年後の西ドイツ大会で、東京12チャンネルは、とうとう日本初のサッカーワールドカップの衛星生中継に挑むことになった（テレビ東京社史編纂分科会編『テレビ東京50年史』テーマ史編、テレビ東京、二〇一四年、二三〇頁）。しかも決勝戦「西ドイツ対オランダ」の生中継である。

決勝戦の日程は、日本時間の一九七四年七月七日の深夜。しかしその日は、日本では参議院議員選挙の投票日にたまたま当たっていた。当然各テレビ局は、国政選挙とあって投票終了後の夜から深夜にかけて開票速報番組を組む。ところがそこで東京12チャンネルだけが、ミュンヘンからのサッカーの生中継を放送したのである（前掲『東京12チャンネル運動部の情熱』、七二頁）。

つまり、「テレ東だけアニメ」ならぬ「テレ東だけサッカー」というわけである。いまはサッカーワールドカップ決勝と言えば第一級のビッグイベントだけに、同じようなことにもしなったとしてもそれほどインパクトを感じないかもしれない。だが日本がワールドカップに初出場する二〇年以上前、サッカー自体がテレビのコンテンツとしてまだ確立されていなかった当時としては、きわめて異例の編成だった。それはまさに、〝攻めてるテレ東〟と〝愛されるテレ東〟が合体したような出来事であった。

平成とともに脚光を浴びた「テレ東らしさ」

とはいえ、後の「ドーハの悲劇」中継の高視聴率のことを知っているといかにも最初からテレビ東京に先見の明があったかのようだが、その当時は成算があったわけではなかった。「テレ東だけサッカー」は、「関東ローカルであるがゆえに他局と比べたら報道部が弱いという事実を逆手にとった大胆な編成」の産物だった（同書、七二頁）。

このときの決勝生中継には、こんな逸話も残っている。

試合は西ドイツが二対一で劇的な逆転勝ち。当然、地元国の優勝にミュンヘンの試合会場は興奮と熱狂に包まれた。現地で実況していた金子勝彦と岡野俊一郎、そして中継スタッフも、ウイニングランを見ながらその特別な雰囲気にしばし浸っていた。

そのとき、東京から「悲鳴のような国際電話」が入る。電話の向こうからは、「いつまでそこにいるつもりだ！　もういいだろ？　衛星回線は高いんだよ」の声。現在なら、試合終了後の様子や表彰式の模様などもたっぷり伝えるだろう。だがこの衛星生中継は予算を睨みながらのぎりぎりの放送だったがゆえに、そんな余裕はなかったのである（同書、七二—七三頁）。

実際、次章でもふれるが、テレビ東京（東京12チャンネル）が同じ予算面などの問題でせっかくの人気コンテンツを他局に譲らざるを得なくなったケースも、一度だけではなかった。また二〇〇一年入社のテレビ東京プロデューサー・濱谷晃一は、「予算〇〇万円と聞いて、他局のプロデューサーが「そんな予算じゃ番組は作れない！」と言ったのに対して、テレビ東京のプロデューサーは「そんなに予算があったら、使い道がわからない」と言った」という悲哀混じりの笑い話を上司から聞いたことを証言している（濱谷晃一『テレ東的、一点突破の発想術』ワニブックスPLUS新書、二〇一五年、一四—一五頁）。

要するに、「テレ東だけアニメ」のケースだけでなく、テレビ東京の歴史そのものがそうしたリソース不足との苦闘の歴史だった。その点、アイデアや企画の独自性で勝負する「テレ東らしさ」とは、元々は事前に考え抜かれた戦術というよりも、その場その場を生き残るための必死のサバイバル術だった。

ところが、平成に入り、次第に風向きが変わり始める。「テレ東らしさ」が、テレビ局の個性として俄然脚光を浴びる時代になったのである。

たとえば、一九九三年度には、ゴールデンタイム（午後七時から一〇時）八・七パーセント、プライムタイム（午後七時から一一時）七・九パーセント、そして全日三・七パーセントとすべての時間帯で、テレビ東京は開局以来最高の年間平均視聴率を達成した。

そこには「ドーハの悲劇」中継はもちろん、同年開幕しブーム的人気となったJリーグの試合中継などサッカー中継の貢献が少なからずあった。だが同時に、あまり予算をかけずにアイデア・企画力で勝負する「テレ東らしさ」のエッセンスのような番組の成功も大きかった。

一九九二年四月スタートの『TVチャンピオン』は、その代表的番組だ。毎回違うテーマのもと、その道の達人や知識自慢が競い合って優勝者を決める。出場するのは一般人で、そうした無名の人たちが見せる名人技や博識ぶりが大きな反響を呼んだ。一九九三年度は、一〇月二一日放送の「第2回全国選抜和菓子職人選手権」が二〇・一パーセント、四月一日放送の「第3回全国大食い選手権」が一六・五パーセントの高視聴率を挙げるなど、番組人気がぐんと高まった年だった（テレビ東京社史編纂分科会編『テレビ東京50年史』通史編、テレビ東京、二〇一四年、一四八―一五一頁）。

こうして開局からの「テレ東らしさ」の積み重ねが目に見える成果となった一九九〇年代からの流れは、二〇〇〇年代を経て二〇一〇年代にも継続した。

そして二〇一〇年代になると、視聴率面だけでなく「テレ東らしさ」の手法自体に世間からの注目が集まるようになった。本書でも随所で参照するが、番組作りのノウハウや裏側などについてテレビ東京の社員が書いた著作がこの頃に続々出版され、活況を呈したのはそのひとつの表れだろう。

同様に、開局五〇周年記念特番として二〇一四年に放送された『50年のモヤモヤ映像大放出！ この手の番組初めてやりますSP』も興味深いものだった。普通こうした番組は、自局の人気番組を年代順に紹介するスタイルになることがほとんどだ。ところがこの番組は、「素人にたよりすぎる」「狭い分野を掘り下げすぎる」「とんがった企画をやりすぎる」などと、自虐的ユーモアを交えながら「テレ東らしさ」を自己分析するような構成だった。それは、テレビ東京が「テレ東らしさ」を周囲からの評価としてだけでなく、自らのアイデンティティとして引き受けることを公に宣言した瞬間だった。

〝主人公〟になったテレビ東京——本書の目的と構成

こうして「テレ東らしさ」も、自他ともに認めるものとしていまやすっかり定着した。だが一方で、そのように「テレ東らしさ」が確立され安定したものになることによって、そろそろテレビ東京が今後どうするかを問われる過渡期に入りつつある印象もある。たとえば、『モヤモヤさまぁ～ず2』のプロデューサーとして知られ、いまふれた五〇周年記念特番のプロデューサーにも名を連ねる伊藤隆行の次の発言は、そのことを物語っているだろう。

開局五〇周年を迎えての社員座談会のなかで、これからのテレビ東京について問われた伊藤は、「50年間不動だった視聴率最下位からの脱出」を目標に掲げる。つまり、ユニークなテレビ局のポジションに甘んじることなく、他のテレビ局と伍していけるテレビ局にステップアップしなければならない。ただ一方で、そのために「テレ東らしさ」をなくしてはいけない。重要なのは、「テレビ東京らしく勝つ」

ことである、と伊藤は主張する（座談会「これからのテレビ東京について語る」、『ナナノワ　2013 Winter』所収（https://www.tv-tokyo.co.jp/csr/nananowa/pdf/nananowa_2013winter.pdf））。

この伊藤隆行の発言は、できるだけ多くのひとに見てもらえる番組を作りたいという、テレビ制作者としてはごく当然のプロ意識から出たものだろう。だがもう少し大きな文脈でとらえれば、その根底にはいまテレビ全体が直面している歴史的課題があるように思える。

冒頭にふれた「テレ東だけアニメ」が私たちにもたらす一種の安心感は、戦後高度経済成長期の「一億総中流」意識のなかでのテレビ観の名残と言える。平たく言えば、テレビが娯楽の中心で、みんながテレビを見ていた時代の名残である。結局「テレ東だけアニメ」の安心感とは、テレビが最大公約数のためのものとして制作手法も画一化しがちななかで、独自の道もあることを確認してホッとする感覚にほかならない。

ここでのテレ東の愛され方は、いわばマスコット的な愛され方である。だがこの構図においては、テレビ東京はいつまでも脇役の座に甘んじるしかない。

だが平成になり、「一億総中流」意識を支えてきた社会の仕組みは崩れた。不況が長引き、二度の大震災に見舞われるなかで、従来の社会システムの機能不全は誰の目にも疑いようのないものになった。それはテレビも同様であり、「一億総中流」意識と密接な関係にあったテレビは、根本からの転換を迫られるようになった。

そしてそのとき、ユニークな存在感を放ちながらも脇役にとどまっていたテレビ東京は、一転して主役のポジションを獲得した。その「攻めてる」姿勢に、単に異色というだけでなくテレビの未来を担う主役としての期待感が高まったのである。それは、マスコット的な愛され方から主人公的な愛され方への変化であった。先ほどの伊藤隆行の発言は、そうした時代の雰囲気を敏感に感じ取ったものと解釈できるだろう。

まさにテレビ東京を〝主人公〟にした本書の目的は、そうした立ち位置の変化を歴史的に跡づけ、メディア論的に考察していくことにある。その問題意識を反映したのが、歴史編と分析編に大きく分かれた本書の構成である。

まず前半の歴史編では、テレビ東京の開局から現在に至るまでの道のりを段階ごとに詳しくみていく。そしてそこで得られた知見をもとに、後半の分析編ではなぜテレビ東京というテレビ局がこれほど愛されるのかについてより踏み込んだ考察を多角的に加えていく。さらに最後の「おわりに」では、歴史編と分析編を通じてみてきたことを踏まえつつ、これからの日本社会においてテレビメディアが果たしうる役割について探ってみたい。

歴史編

テレ東と戦後

1　科学教育専門局・東京12チャンネルの誕生

――もうひとつの「1964」

財団が作ったテレビ局

「テレビ東京のチャンネル番号は?」と聞かれたら、多くのひとが当然のように「7」と答えるだろう。なかにはバナナをモチーフにした局のマスコットキャラクター「ナナナ」を思い浮かべながらそう答えるひともいるかもしれない。

ただそれはあくまでテレビ放送のデジタル化以降のこと。アナログ時代のチャンネルは「12」であり、さらに一九八一年に「テレビ東京」に変更する前は「東京12チャンネル」と局名にもチャンネル番号が入っていた。人びとの会話のなかでも日本テレビの「日テレ」、フジテレビの「フジ」のような意味合いで、「12チャンネル」とチャンネル番号で呼ばれることが多かったと記憶する。

とはいえ、「東京12チャンネル」という名も、実は一九六四年の開局から一九七三年までのあいだは〝通称〟にすぎなかった。では開局当時の「東京12チャンネル」の正式局名は?と聞かれて答えられるひとは、おそらくほとんどいないに違いない。

答えは、「日本科学技術振興財団テレビ局」。現在のテレビ東京のどちらかと言えばくだけたイメージからは、あまりにかけ離れた堅苦しい印象だ。いったいその名称はどこからきたのか?まずそのあたりから紐解いていこう。

時は一九六〇年にさかのぼる。

戦後史的には、いわゆる「安保闘争」の年だ。日米安全保障条約改定をめぐって国会前で連日の抗議デモがあり、機動隊とデモ隊が衝突、死傷者も出るなど世情は騒然としていた。結局、条約は自然承認されたものの、岸内閣は総辞職する。

一方、テレビの歴史においては、この年はカラー放送が始まった年である。日本ではアメリカにならったNTSC方式を採用。そのメリットは、従来の白黒テレビでもカラー放送が見られることだった。まだカラーテレビはきわめて高価だったので、実際（もちろん画面は白黒のままだが）白黒テレビでカラー放送の番組を見ているひとはまだ多かった。

そんな一九六〇年という年の四月に、東京12チャンネルの母体となる日本科学技術振興財団は発足した。

設立の準備は一九五六年から始まっている。世話人として初代科学技術庁長官で日本テレビの設立者でもある正力松太郎、初代経団連会長の石川一郎らが名を連ねていた。また一九五九年には当時科学技術庁長官だった後の首相・中曽根康弘が設立懇談会の座長になっている（金子明雄『東京12チャンネルの挑戦』三一書房、一九九八年、四二頁）。

財団設立の目的は、その名の通り科学技術の普及と宣伝である。その一環として、一九六〇年の発足後すぐに電波免許の申請を決めた。それを受けて一九六一年には、衆議院科学技術振興対策特別委員会が「科学技術振興のためch12の電波の財団への免許付与」支持を決議、一九六二年一一月には予備免許が付与されるに至る。免許の認可が下りると、早速大手企業約一〇〇社が会員となって「科学協力会」

が発足、資金面のバックアップを行った。会長は、当時の経団連副会長・植村甲午郎であった（同書、四二頁）。

政界と財界が一致協力し、着々と財団への免許付与の手続きが進められた様子が、こうした一連の経緯からもうかがえる。しかし一方で、新聞社などのメディア関連企業ではなく財団法人がテレビ局を開設するのはやはり異例なことであった。実際、一九六三年一月には免許申請で競合していた四社による郵政省への異議申し立てがあり、行政訴訟にまで発展している（ちなみにその四社とは、ラジオ関東（現・ラジオ日本）、千代田テレビ、中央教育放送、日本電波塔（東京タワーの運営会社）である。株式会社テレビ東京・20年史編纂委員会編『テレビ東京20年史』テレビ東京、一九八四年、九九頁などを参照）。

だがその間にも財団による開局準備は進んだ。一九六三年九月には先述の「日本科学技術振興財団テレビ局」という局名、「東京12チャンネル」という通称が決まる。そして一九六四年三月には電波送信のためのインフラも完成し、同年四月一二日に無事開局を迎えるのである。

一般には一九六四年と言えば、真っ先に東京オリンピック開催の年ということになるに違いない。だが日本のテレビ史においては東京12チャンネル、つまりテレビ東京誕生の年ということになる。そしてこの二つの出来事は、戦後という文脈においては決して無関係ではなかった。

以下、その関係を念頭に置きながら、東京12チャンネルの誕生という戦後史における〝もうひとつの「1964」〟に迫ってみたい。

なぜ科学教育専門局だったのか？

ここまでの話でも想像がつくように、東京12チャンネルは現在のテレビ東京のような一般総合局としてではなく、科学教育専門局としてスタートした。科学技術教育番組六〇パーセント、一般教養番組一五パーセント、教養・報道番組二五パーセントと全体の番組比率が厳しく定められ、少なくとも名目上は純粋な娯楽番組の入る余地はなかった。この後詳しく述べるが、当然視聴率面で期待できるはずもなく、科学教育専門局でのスタートが、東京12チャンネル、ひいてはテレビ東京の長く続く苦境の理由にもなった。

元々「12」というチャンネルは、在日米軍がレーダー用として使っていたもので、その役目を終えたとして返還されることになったものである。ただその際、大前提として12チャンネルは教育放送用に割り当てるという方針があった。全国的に見ても、多くの地域で12チャンネルは一九五九年に世界初の教育専門チャンネルとして生まれたNHK教育テレビ（現・NHK Eテレ）に割り当てられていた。

その背景には、当時テレビのあるべき役割をめぐって交わされていた議論がある。「テレビが提供すべきは娯楽か教育か？」という論争である。テレビの本放送が一九五三年に始まってまだ一〇年ほど。日本社会は、急速に普及するテレビとどう付き合うかに頭を悩ませていたのである。

議論に火をつけることになったのは、評論家・大宅壮一による「一億総白痴化」論だった。テレビの本放送がスタートした直後の一九五三年の九月、日本テレビで始まったのが『ほろにがショー 何でもやりまショー』である。この番組の司会で有名になったのが、テレビタレント第一号ともされる三國一朗。番組の内容は、アメリカの当時の人気番組を参考にして視聴者がさまざまなゲームに挑戦するというもの。そのなかには、視聴者が主体となっていたずらを仕掛ける企画もあった。

ところが、あるときそうした企画のひとつが、大きな物議を醸すことになった。

一九五六年、番組から視聴者に向けてあるゲームのお題が出された。それは、「野球の早慶戦の試合中、早稲田側の応援席で慶応の旗を振って、「フレーフレー慶応！」と三度連呼する」というもの。それに応じたひとりの一般視聴者（三國一朗が後に明らかにしたところによれば、実際は万が一騒ぎになったときのことを考えてスタッフが仕込んだ俳優であった。北村充史『テレビは日本人を「バカ」にしたか？——大宅壮一と「一億総白痴化」の時代』平凡社新書、二〇〇七年、二八頁を参照）が果敢に実行し、見事賞金五〇〇〇円を獲得した。ところが、番組のことを知った六大学野球連盟が態度を硬化させ、翌日予定されていた日本テレビの早慶戦中継を拒否したのである（同書、一八―二九頁）。

この騒ぎに早速反応したのが大宅壮一である。番組放送から四日後の一九五六年一一月七日付の『東京新聞』に、大宅は「マス・コミの白痴化」と題されたコメントを寄せた。「最近のマス・コミは質より量が大事で、業者が民衆の最底辺をねらう結果、最高度に発達したテレビが最低級の文化を流すという逆立ち現象——マス・コミの白痴化がいちじるしい。（略）恥も外聞も忘れて〝何でもやりまショウ〟という空気は、いまの日本全体が生み出しているものだが、新聞も時々〝白痴番組一覧表〟をつくって、それらが物笑いの種になるような風潮にしたい」（同書、三四頁）。

これが後に有名になった「一億総白痴化」論の始まりとされる。『何でもやりまショー』は、それ以前から大宅をはじめとして多くの識者から指摘されていたテレビの娯楽偏重傾向、そこから生まれる退廃的気分への批判の格好の標的になったのである（同書、八九―一〇三頁）。

この大宅の「一億総白痴化」論は、教育専門局の新設、テレビ放送免許条件における「教育・教養」番組比率の設定という新たな流れを引き起こした。一九五七年、チャンネル割り当ての増加及びテレビ局の新設への要望が高まるなかで、政府は「教育専門局」設置の方針を打ち出す。そこから一九五九年に誕生したのが先述したＮＨＫ教育テレビ、そして現在のテレビ朝日の前身である日本教育テレビ（Ｎ

ET）であった（佐藤卓己『テレビ的教養――一億総博知化への系譜』（日本の〈現代〉14）、NTT出版、二〇〇八年、一一六―一二二頁）。

こうして一九五〇年代後半から一九六〇年代前半にかけて、教育専門局設立の機運が高まった。日本科学技術振興財団、そして科学教育専門局・東京12チャンネルは、そうした世の雰囲気のなかで生まれたのである。

東京オリンピックと東京タワー

科学教育専門局としての東京12チャンネルが積極的に取り組んだことのひとつが、通信教育だった。日本科学技術振興財団は、東京12チャンネル開局と同じ一九六四年に科学技術学園高等学校を開校している。この高校は、通信制の工業高校であった（株式会社東京12チャンネル・社史編纂委員会編『東京12チャンネル15年史』東京12チャンネル、一九七九年、五九頁）。東京12チャンネルは、そのための授業を放送することを主たる目的のひとつとしていたのである（株式会社テレビ東京・25年史編纂委員会編『テレビ東京25年史』テレビ東京、一九八九年、一〇四頁）。

当時日本は、高度経済成長期を本格的に迎えていた。その際、急速な経済発展によって慢性的に不足する都市部の労働力を補うために期待されたのが、地方からの若年労働力である。その多くは、中学までの義務教育を終えて集団就職で都会へやってくる若者たちであった。彼や彼女たちは「金の卵」ともてはやされたが、一方で将来の人生設計のために学歴の必要性を感じていた。そうした勉学への意欲を抱く働く若者たちの受け皿のひとつが、通信制の高校であった。つまり、東京12チャンネルには、日本の戦後復興を支えた数多くの無名の若者たちのために設立されたテレビ局という一面があった。

一方、日本の戦後復興が成ったことを世界に知らしめるための国家的イベントが、同じ一九六四年に開催された東京オリンピックであった。開催のタイミングに合わせて首都高速道路の建設、地下鉄網の整備、そして東海道新幹線の開通などが急ピッチで進められたことが、その目的を端的に示している。この年の四月に果たしていたIMF八条国への移行、OECDへの加盟とともに、東京オリンピックは日本の国際舞台への復帰を国内外に宣言するプロセスの仕上げ的な意味合いを持っていた。

そんな一大イベントを自分も目撃したいという国民の高揚感は、NHKの受信契約数の推移にも表れている。やはりテレビ普及を促したとされる一九五九年の皇太子ご成婚の時点で二〇〇万件だった契約数は、オリンピック開催直前に一六〇〇万件を超え、テレビの普及率も約八〇パーセントに達した。

「東洋の魔女」と呼ばれた日本女子バレーボールチームがソ連と戦った決勝戦の視聴率六六・八パーセントは、スポーツ中継番組としていまだに破られていない記録である。

各テレビ局も当然、中継の充実に精力を注いだ。開会式やいくつかの競技はカラー中継され、また陸上や水泳の中継に初めてスローモーションVTRが導入された。海外への衛星生中継が行われたのも、このオリンピックが史上初である。東京オリンピックは別名「テレビオリンピック」とも呼ばれた（NHKサービスセンター編『テレビ50年——あの日あの時、そして未来へ』NHKサービスセンター、二〇〇三年、一四〇頁）。

開局して間もない東京12チャンネルも例外ではなかった。オリンピック開催期間中は一日一二時間を集中的に競技中継にあてる特別編成で臨んだのである。その大胆さは「他局を驚かしもした」と『テレビ東京25年史』にはある。

だがその際も、通信講座の放送だけは継続された（前掲『テレビ東京25年史』、一〇四頁）。華やかな国家イベントの中継と苦学する若者たちのための講座。ある意味対照的な二者が併存するこの番組編成は、期せずして戦後復興の構図を凝縮したものだったと言えるだろう。

つまり、東京12チャンネルは戦後日本の復興期におけるひとつの転換点に誕生した。安保闘争で退陣した岸内閣の後に発足した池田内閣は所得倍増計画を掲げ、高度経済成長をさらに加速させようとした。実際その目標は、予測を上回るスピードで実現されていく。いわば〝政治の季節〟が終わり、〝経済の季節〟が始まったのである。東京12チャンネルはまさに〝経済の季節〟に誕生したテレビ局だった。

〝経済の季節〟とテレビ。その二つを象徴するのが、東京タワーである。一九五八年、三三三メートルという当時日本一の高さの塔として完成した東京タワーは、高度経済成長の中核となった重工業の象徴である鉄骨を用いた巨大建造物であった。そしていうまでもなく総合電波塔、すなわち各テレビ局の放送電波をまとめて送り出すための施設として造られた。要するに、産業とテレビの交わるところに生まれたシンボル、それが東京タワーであった。

そして東京12チャンネルは、本社をその敷地内にある東京タワー放送センター内に構えることになった。大小四つのスタジオ（前掲『テレビ東京20年史』、一一七頁）を備えたこの場所で、一九八五年東京・虎ノ門に新社屋が完成するまで数多くの番組が制作されることになる。〝政治の季節〟から〝経済の季節〟、そして〝テレビの季節〟へ。そんな歴史の節目に生まれたのが、東京12チャンネルだったのである。

開局初日のSFドラマ

では開局当初、どのような番組が作られていたのだろうか？

ここで開局初日である一九六四年四月一二日の番組表（次頁）に目を向けてみよう。『科学と人つくり』『日本の科学技術』など科学教育専門局ならではの特別番組、民放初出演だったNHK交響楽団の演奏会中継、『私は貝になりたい』（一九五九年）で知られた岡本愛彦演出、そして山村聰主演によるドラマなどが並ぶラインナップは、開局記念らしくいかにも重厚感がある。

ところがそのなかにひとつ異彩を放つ番組名がある。夜八時半から放送されたバラエティー・ショー『こんばんは21世紀』である。「科学教育専門のはずなのに「バラエティー・ショー」を、しかもゴールデンタイムに放送しても大丈夫なのか？」と心配してしまうような、それでいて「いったいどんな番組なのだろう？」と興味をそそられるタイトルである。

この番組のアイデアの主は、現在は評論家・ジャーナリストとして知られる田原総一朗であった。岩波映画から東京12チャンネルに転職した田原は、「科学技術教育」という枠にとらわれると「なんとも地味な、面白くない番組ばかりが並ぶことになる」と考え、「SFドラマをやるべきだ」と提案する。「豪華脚本、豪華キャストで、誰もがあっと驚くようなSFドラマをオンエアする。これなら科学技術教育の範疇から逸脱しないし、視聴率もとれるはずだ」というのが彼の主張であった（田原総一朗『テレビ仕掛人たちの興亡』講談社、一九九〇年、二二四頁）。

肝心のドラマの内容は、「コンピュータと人間の対決、戦争……。コンピュータがどんどん進歩して、判断能力を持つようになり、ある日、人間に対して、人間は百害あって一利なし、もはや不要の存在。死滅するべきだと判定する。そしてそのことをコンピュータと人間が裁判で争うことになる。つまり、

12日

テレビ

昭和39年4月12日(日)

TBSテレビ⑥

7·30 おはようサンデー
7·45 N(海外) ◇55 N
8·00 プロ野球展望
8·15 ちえのわクラブ
8·30 放談　細川隆元他
9·00 映画「名犬ラッシー」
9·30 おとぼけ戯評 トップ
9·45 田んぼの中の都市計画
10·00 世紀の人々「ヘンリー・フォード」佐野浅夫
10·30 これが世界だ「十字路に立つ南ベトナム」
11·00 兼高かおる世界の旅「ユーゴスラビア」
11·30 あなたの五輪荒垣秀雄

0·00 N◇15 スチャラカ社員「人それぞれに」
0·45 「橘幸夫・倍賞千恵子ショー」橘幸夫他
1·15 プロ野球「阪神対巨人」(甲子園)芥田武夫【野球中止の場合】
1·15 日曜観劇会「ちよんがれ野郎」(南座)
3·00 プロ野球「阪神対巨人」(甲子園)解説笠原和夫【野球中止の場合】
3·00 孫悟空西へ行く
3·30 「西部の男パラディン」声 大木民夫
5·45 天◇50 テレビタ刊

0 てなもんや三度笠「赤穂の錦絵」藤田まこと、白木みのる、香山武彦、ハナ肇
30 高杉晋作「風雲の京洛」宗方勝己、長井秦次他

0 隠密剣士「無惨也幻妖斎」大瀬康一、牧冬吉他
30 漫画劇場「ポパイ」三つの望み、遊園地の人さらい他 画浦野光、熊倉一雄

0 プロ野球「西鉄対東京」(平和台)解説簑原宏(福岡雨)「南海対近鉄」【野球中止の場合】外国映画「エベレスト征服」画谷津勲他

26 N◇30 日曜劇場「愛と死をみつめて」(前編)原作大島みち子、河野実、大空真弓、山本学、清水将夫、宝生あやこ他

30 サンセット77「愛と欲」ロジャー・スミス 画園井啓介、白川澄子、金内吉男、高塔正康、前沢迪雄

30 N◇40 スポーツ
53 映画「図々しい奴」画

フジテレビ⑧

7·00 プロ野球ニュース
7·20 テレビ新聞 辻川アナ
7·35 実戦ゴルフ 村上義一
7·50 おはようチンパン
8·00 ボタ山のある風景
8·20 スポーツニュース
8·30 産業スパイ時代
9·00 映画「琴姫七変化」
9·30 映画「名犬リンティー」
10·00 ジェット・パイロット
10·30 新ドキュメンタリー劇場「長く白い鉄路」
11·00 新アリゾナ魂「奴隷の町」ヘンリー・フォンダ
11·30 東海道ドライブ旅行

0·00 歌謡笑学校「ガッコの花見」小野栄一他
0·30 世界の日曜日(ゲスト)ケン・リトルウッド
1·00 サンデー志ん朝
1·15 森繁劇団2月公演「ジョン万次郎漂流記」(後)森繁久弥、越路吹雪、岡田真澄他
2·35 都おどり(京都祇園甲部歌舞練場で収録)
3·35 文化交流で世界平和を
4·15 洋画への招待「ひとりぼっちのギャング」
4·30 芸能ハイライト
4·40 ダグラスマッカーサー

0 億万長者と結婚する法「コメディアン登場」画向井真理子、来宮良子他
30 いじわるクイズ・時価1万円 ロイ・ジェームス

0 ジェミーの冒険旅行「獣の檻」カート・ラッセル(野中繁雄)ダン・オハーリー(山田康雄)ブロンソン(納谷悟朗)他

0 劇場中継(大阪・新歌舞伎座)「大石最後の一日」真山青果作、松本幸四郎、山本富士子、市川高麗蔵、市川中車、中村吉十郎

0 ダイヤモンド・グローブ「太郎浦一対バット・ゴンザレス」(10R)
45 劇「あしたの虹」北原三枝、金井克子、桂小金治、根上淳、藤田佳子、中村メイコ、松本克平、村瀬幸子

30 歌　三波春夫
45 N◇55　スポーツ

0 高島忠夫マンスリー・ショー デキシーキングス
15 プロ野球ニュース

NETテレビ⑩

8·40 N(海外)
8·45 週間トピックス
9·00 日出造の漫画対談
9·15 9000万人の広場「防火と消防」吉岡アナ
9·30 国際収支はどうなる
10·00 新パリ・モード誕生「おしゃれの街・パリ」
10·30 コロンビア渓谷
10·45 お住い拝見佐久間良子
11·00 こまどり姉妹の日曜日「若い仲間と子供たち」
11·15 世界の秘境「ココス島の宝」篠田英之介
11·45 天◇50 N(朝日)

0·00 漫才 てんや、わんや◇落語 歌奴◇漫才
0·45 がっちり買いまショー
1·15 寄席の一日 柳昇、小円馬、夢楽、馬の助他
2·00 バラエティー「平手造酒は弱かった」雄二他
2·45 テキサスレンジャー「親分は強かった」
3·15 鉄拳児アダム「イタチとクレオパトラ」
3·45 痛快シリーズ「魔女ゾンブラ」画田中信夫他
4·15 N(朝日) ◇25 芸能
4·30 プロ野球「東映対阪急」(後楽園)【東京雨】「南海対近鉄」(大阪球場)【野球中止の場合】「赤い灯をともすな」

30 どらねこ大将「怪盗ルンペン」画谷幹一、歌奴

0 視聴者参加「アップ・ダウンクイズ」小池清他
30 歌のタイトルマッチ 審査員服部良一、徳川夢声、ロイ・ジェームス他

0 バージニアン「シャイロー牧場の決闘」ジェイムス・ドルーリイ、リー・J・コップ、ゲイリー・クラーク 画城達也他

26 N(朝日)
30 TVなんでも見てやろう「落花浪藉」小松方正
45 真珠の小箱「醍醐寺の春」ゲスト中村直勝

0 名作ドラマ「母と娘たち」原作瀬氏鶏太、淡島千景、佐野周二、飯田蝶子、八代美紀、船戸順他

0 N(朝日)◇10スポーツ
15 「小児の黄疸」岩波文門
30 N(海外)

東京⑫チャンネル

11·30 テストパターン
0·00 開局特別番組「東京12チャンネル誕生」倉田主税、津野田知重
1·00 開局特別番組「科学と人つくり」池田勇人、倉田主税、荒垣秀雄
1·30 特別番組「日本の科学技術」ゲスト佐藤栄作
2·30 「月世界への道」大塚明朗、ドライデン
3·00 「原始に生きる島」本多勝一、藤木高嶺
3·30 「科学と人間」(座談会)菊地正士、高島善哉、司会高木純一
4·00 「N響特別演奏会」指揮外山雄三 ローマの謝肉祭(ベルリオーズ)交響曲第41番ジュピター(モーツァルト)
5·30 「銀河鉄道の夜」語り手吉田玲子、木下清
6·00 N(朝日)
6·10 公開番組「12の関所」(ゲスト大会)大橋東京駅長親子、根本進親子、猫八親子他
7·00 「未来をうたおう」(働く青少年の集い)森繁久弥、立川澄人、ペギー葉山、坂本九他
8·00 N(朝日新聞ワイドニュース)和田教美
8·30 バラエティー・ショー「こんばんは21世紀」フランキー堺、鳳八千代、田中明夫、加賀まりこ、岡本太郎
9·30 劇「孤愁の岸」(宝暦治水始末記)演出岡本愛彦、山村聡、淡島千景、穂積隆信、城所英夫、清水元、下元勉他
11·00 N(朝日)
11·10 朝日海外ニュース
11·15 「明日をひらく」

開局の日 昭和39年4月12日(日)のテレビ番組表

出典：石光勝『テレビ番外地——東京12チャンネルの奇跡』新潮新書，2008年，24-25頁

NHKテレビ①	NHK教育テレビ③	日本テレビ④	
6·00 N天◇15 テレビ体操 6·20 村の記録「見島牛騒動」 7·00 N N（海外） ◇天 7·20 朝の談話室リドベック 7·45「生命の変身」（誕生） 8·00 N五輪を成功させよう 8·30 美の女神ビーナス 9·00 こども劇場「最初の冒険」花房正、河野秋武 9·40 冒険旅行「運河を行く」 10·00 音楽をどうぞ「フランスの歌をあつめて」 10·00 新わが町の物語「帰って来た娘」笹森みち子 11·00 国会討論会	7·05 宗教の時間「生活と宗教」八代斌助、大浜英子 8·00 日曜大学（東京天文台）「静かな太陽」（この未知な天体）宮地政司 9·00 スポーツ教室「バレーボール」大倉俊彦他 10·00 通信高校講座「家庭一般」（家のくらし） 10·30 通信高校講座「生物」（生物と人生）太田次郎 11·00 通信高校講座「数学I」（高校数学の体系） 11·30 通信高校講座「英語A」（総合研究）稲村松雄	7·00 N◇10 天こよみ 7·20「勝鬘経義疏」白井成允 7·45 N◇55 ガイド◇天 8·00 プロ野球ハイライト 8·15 再び深刻化した中・ソ関係 桑原寿二 8·45 R·シュトラウス作曲「ダフネの変容」 9·30 野球教室 高橋明他 10·00 画横丁正義隊「われらの仲間」江戸家猫八他 10·30 スカイ·キング「急げ！空中捜査隊」大平透 11·00 歌のグランプリショー 春日八郎、大津美子	あさ
0·00 N◇15 第19回毎日マラソン大会（国立競技場—甲州街道—飛田給折返し）解説 高橋進 2·35 劇場中継（新橋演舞場で録画）「花の名残り」（三幕）花柳章太郎、大矢市次郎、花柳喜章 4·05 NHK科学映画「よみがえる心臓」 4·30 プロ野球（大阪球場）「南海対近鉄」解説苅田久徳、向坂アナ 【野球中止の場合】 4·30 短編「母の外出」 5·00 新動物園日記「太一とゴリラ」鷲見昭、服部妙子 5·45 歌おう世界の友 6·10 世界のサーカス	0·00 絵画教室「静物デッサン」楢原健三 0·30 囲碁将棋講座「囲碁」藤沢秀行、きき手河野直達「将棋」坂口允彦、きき手春海鎮男 2·00 巣立つ人々の演奏会（東京芸大）バイオリン独奏小川敬子、アルト独唱矢野恵子、バス独唱高橋修一、アルト独唱石島洋子、（武庫川女子大音楽部）ピアノ独奏向田智子（京都音楽短大）ピアノ独奏伊藤浩子他	0·00 N◇15 パトカーただ今脱線中「二人の中の物語」ジョー・E·ロス 0·45 ナンバーワン·ショー 三沢あけみ、いしだあゆみ、藤田まこと 1·15 花のステージ こまどり姉妹、舟木一夫、真理ヨシコ、北原謙二他 3·00 新派「五番町夕霧楼」花柳喜章、市川翠扇、水谷良重、英つや子他 4·30 プロ野球「西鉄対東京」（平和台）（福岡雨）「東映対阪急」（後楽園） 【野球中止の場合】 東宝名人会	ひる
49 今晩の番組から◇天	0 話し方教室「あいさつ」大久保忠利、青木アナ 30 カラー テレビ実験室「重量あげ」近藤正夫、鈴木アナ	30 カラー シャボン玉ホリデー「新人生だピーナッツ！」スリー·ファンキーズ、クレージーキャッツ他	6
0 きょうのニュース スポーツニュース 25 カラー 歌のグランドショー 三波春夫、島倉千代子、五十嵐喜芳、ペギー葉山、西田佐知子、中尾ミエ他	0 われら10代「仮免許練習中」桶谷繁雄、宮崎清文 30 音楽の歴史「フランスロマン派音楽のみなもと」園部三郎、西川清子	0 青春アワー「信子」芦川いづみ、二木てるみ他 30 3ばか大将①3ばかなぐり込み作戦②それ引けやれ抜け虫歯はいたい	7
15 若い季節 水谷良重、黒柳徹子、ジェリー藤尾、岡田真澄、淡路恵子、森光子、三木のり平他	0 バイオリン奏鳴曲「春」（ベートーベン）バイオリン奏鳴曲第３番（ブラームス）バイオリン独奏 ミシェル·シュバルベ	0 カラー プロ野球「東映対阪急」（後楽園）中止英雄（東京雨）「南海対近鉄」 【野球中止の場合】 カラー 日曜ロードショー「流転の女」イーガン他	8
0 N天 15 ニュースの焦点坂田二郎 30 赤穂浪士「蝉しぐれ」長谷川一夫、山田五十鈴、滝沢修、宇野重吉、淡島千景、林与一他	0 古典芸能鑑賞「雅楽」「越天楽」◇催馬楽「更衣」◇左舞「蘭陵王」他 50 芸術劇場（日生劇場）「リチャード三世」（第1部）シェイクスピア作、中村勘三郎、加藤和夫、仲谷昇、岸田今日子、高橋昌也、田中明夫、加藤治子、夏川静枝、毛利菊枝、小池朝雄、名古屋章他、解説 福田恆存	26 N◇30 ダイヤル110番「ひきあたり」長谷川明男、一ノ木真弓、近江俊輔、椎原邦彦他	9
15 現代の映像「還らぬ海」（北洋漁民の周辺）◇N 55 スポーツN（海外）		0 N◇10スポーツニュース 15 五輪エピソード「武典」 30 ノンフィクション劇場「神の御国が出来ました」	10
05 看護婦物語「新薬」シャール·コンウェイ他 画 加藤道子、東山昭子		0 プロ野球ハイライト 15 ニュースクローズアップ「今日的台湾」◇45 N	11

コンピュータと人間の法廷劇、裁判ドラマ」（同書、二二四―二二五頁）というのが最初の案だった。脚本は作家の安部公房、そしてキャストにはフランキー堺と加賀まりこ。だがそれは特に面識やコネがあったわけではなく、田原が個人的に好きだった作家や俳優の名前を並べただけだった。

内容、スタッフ、キャストともすべて田原の思いつきにすぎなかったわけである。ところが、この企画が「面白そうじゃないか」となって採用されてしまう。そしてまず安部に会うと、今度はその口から「実際にコンピュータにドラマを作らせようじゃないか。それができるのなら引き受けてもいいよ」という予想外の条件が突きつけられた。普通ならあまりの突飛な提案に尻込みして、企画を断念してもおかしくない。しかし田原は逆にその提案を面白いと感じ、探し当てた早稲田大学の研究所に頼み込んで協力の約束を取り付けた（同書、二二六―二二七頁）。

さて実際に、三〇〇に及ぶヒットドラマから口論、食事、ドライブ、セックス、不倫、結婚など一五〇の要素を抽出し、そこに視聴率三〇パーセントという条件をインプットしてコンピュータにドラマを構成させてみたところ、「女主人公が裸になり、さらに裸になり、結婚して、死亡して、事故にあって、離婚して、笑って旅行し、また死亡する」という奇態なストーリーになった。ところが安部公房はこの支離滅裂さがいたく気に入り、彼独特の解釈とイマジネーションによって実に説得力あるドラマに仕上げた。こうしてバラエティのようなドラマ『こんばんは21世紀』は完成したのである（同書、二二七―二二八頁）。

なによりもまず、こうした奇想天外としか言いようのない番組を一九六〇年代、しかも開局記念日に放送していたことに驚く。

東京12チャンネルは在京キー局のなかでは最後発で予算も人手もなく、大物をキャスティングするコネもない。また田原が映画畑出身であったように他分野から転身したスタッフも多く、制作現場はノウハウが確立される以前の状況だった。だがそんな混沌としたなかであるからこそ既成概念にとらわれない自由な発想が生まれやすく、またその発想を膨らませて番組というかたちにしようとするエネルギーに満ち溢れていた。田原の回想するこの開局記念ドラマ実現に至るプロセスは、そのことを教えてくれる。

三すくみの構造

しかしながら、そうしたエネルギーはどこから生まれてくるのか？　田原総一朗は、自身の経験も踏まえつつ、そこには民放テレビ特有の「三すくみの構造」があるからだと指摘している。

ここで田原が「三すくみ」と言うのは、番組をめぐって国家、スポンサー、視聴率の三つが複雑に絡んだ構図のことである。

まず民放テレビは、この三つによって制約を受ける。テレビは免許事業であることによって国家に管理される。また番組一つひとつにスポンサーがつき、その意向を無視できない。そして制作者は常に視聴率の数字を気にして番組づくりを進めなければならない（同書、二二二頁）。

こんながちがちの制約ずくめのなかで自己表現、すなわち自分が「面白い」と思うものをそのまま番組にすることなど無理ではないかと思うかもしれない。しかし田原は、そうではないと言う。「三重の縛りが相矛盾して、いや、その縛りを逆用することで、逆に矛盾をバネにしてけっこういろいろできるものなのである」。すなわち、免許事業という国家の縛りに対してはスポンサーの意向を対抗させ、スポンサーからの番組への注文に対しては視聴者からの支持を示す視聴率を逆に利用する、というように

（同書、二二二頁）。

つまり三者間の利害は同じではなく、しばしば衝突する。このような矛盾に満ちた構造のなかで番組制作しなければならないことが、「テレビの、テレビ制作者のエネルギー、バイタリティとなっている」と田原は言う。それぞれをとれば、国家、スポンサー、視聴率ともに制作者の自由を奪うようなものだが、三者間の関係を時と場合に応じて利用することによって、逆に自由なバイタリティにあふれた番組づくりができる、というわけである（同書、二二三頁）。

それは取りも直さず、「テレビというのが、実はかなりイイカゲンなメディアである」ことを示している。とりわけ田原がテレビの世界に身を投じた頃、言い換えれば東京12チャンネル開局の頃は、「いわば西部劇時代のアメリカのようなもので、未開の荒野が広がり、何をどうすればよいのか誰にも見当がつかない状態で、それだけに西部劇のように乱暴で、矛盾にあふれていて、ダイナミックで面白かった」（同書、二二三頁）。

草創期のテレビが「電気紙芝居」と揶揄され、映画などから一段下に見られていたという話は、当時を知るさまざまな関係者の口から語られている。しかしそれゆえに、番組制作の現場はあまり視聴率などを気にせず、自分たちの作りたい番組を自由に作ることができたとも語られる。

ただ、それが真実を含むにしても、一種の神話であることも確かだろう。少なくともテレビの制作現場の自由は、最初からそこに用意されていたものではなく先述のような制約だらけの現実をかいくぐることによって獲得された自由だった。田原総一朗の開局記念番組をめぐるエピソードも、「科学技術教育」という名目を逆手に取ったという点でそのことが当てはまるだろう。

いきなり訪れた危機

とはいえ、開局まだ間もない東京12チャンネルには、それ以前の根本的問題が立ちはだかっていた。それはやはり、経営母体が科学技術の普及・宣伝を目的とする財団だったことである。そして科学技術教育の理想とテレビ局経営の現実との深刻な懸隔が明らかになるのに、それほど長い時間はかからなかった。

東京12チャンネルの初代社長は、当時日立製作所の社長であり財団の会長でもあった倉田主税《ちから》である。倉田は、真面目な良質の番組を作れば、それなりの視聴率をとり採算もとれると考えていた。しかし現実は厳しく、そうした番組はことごとく低視聴率にあえぐことになった。特に東京12チャンネルの場合、たとえ娯楽性を追求するドラマであっても必ず科学技術の普及という要素を盛り込まなければならないことが、重い足かせになった（石光勝『テレビ番外地――東京12チャンネルの奇跡』新潮新書、二〇〇八年、二四―二五頁）。

たとえば、開局時に始まった『ハローCQ』というドラマがあった。「ハローCQ」は、アマチュア無線をする際に使われる呼びかけの言葉である。アマチュア無線をする少年が主人公のホームドラマで、映画監督の羽仁進が企画、脚本にやなせたかしや向田邦子、キャストに荒木一郎、音楽にいずみたく、主題歌がいしだあゆみなど錚々たる面々を揃えていたが、わずか半年で終了した。番組スタッフだった石光勝はその理由を次のように述懐する。「普通のドラマなら長寿番組になっていたかもしれませんが、毎回必ずハムと呼ばれるアマチュア無線をとおして科学技術の味付けをしなくてはならないとなると、息が切れてしまいます」（同書、二八頁）。

さらに視聴率面での苦戦に加え、一九六五年の「オリンピック不況」が追い打ちをかけた。オリンピックのために急ピッチで進めた新幹線整備など大きなインフラ需要喚起の波が一段落した後で金融引き締め傾向が強まり、企業の業績が軒並み悪化したのである。それもあって「科学協力会」からの資金援助も月々二億円の協力金の予定が実際は一億数千万円にとどまり、東京12チャンネルにとってはすっかり目算が外れることになった（前掲『東京12チャンネルの挑戦』、五〇頁）。

その結果、開局から二年経つ頃には「もう死に体。開店休業の惨状」（石光）になってしまっていた。東京12チャンネルは早くも経営の危機を迎えたのである。

まず一日一六時間あった放送時間は、五時間半にまで減った。しかもそのうちの三時間は通信制工業高校講座で、残りの二時間半もコストのかからないフィルム番組。スタジオを使った番組は週四時間しかないありさまだった（前掲『テレビ番外地』、二九頁）。

ちなみに開局した一九六四年四月から一九六五年三月末までの累積赤字は約一三億八〇〇〇万円。人件費も番組制作費も予想を大幅に上回り、番組を作れば作るほど赤字が膨れ上がることは目に見えていた。そこで一九六六年三月に財団が打ち出した再建案が、放送時間の短縮であった（前掲『東京12チャンネルの挑戦』、五〇頁）。

さらにその再建案には、あと二つ項目があった。ひとつは「社員の40％にあたる、約200名の人員整理」、もうひとつは「今後は科学技術放送に徹し、営業活動を行わない」である（同書、五二頁）。

この二つの案が出された背景には、東京12チャンネルをNHKの傘下に入れようという動きがあった。このときすでに1チャンネルの総合と3チャンネルの教育の二つのチャンネルを持っていたNHKが、新たに12チャンネルを教育専門チャンネルにし、3チャンネルを報道専門チャンネルに衣替えすることによって3チャンネル体制にする構想を実行に移そうとしたのである（同書、五一頁）。

もしその目論見通り12チャンネルがＮＨＫの教育専門チャンネルになった場合、営業活動の必要はなくなる。それを見越して当時の財団上層部は、営業部の活動停止を決め、それを含む大規模な人員整理案を打ち出したのである。当然それに対しては激しい反発の声が上がり、労働争議にも発展した（前掲『テレビ東京20年史』、九九頁）。

ところが、事態は思わぬ展開を見せる。元々ＮＨＫの構想を実現するためには放送法の改正が必要であり、実際に改正案も国会に提出された。しかしそれは、国会で審議されないまま廃案になってしまったのである（前掲『東京12チャンネルの挑戦』、五二頁）。

日本経済新聞の経営参加、そして一般総合局へ

仕切り直しのかたちとなった東京12チャンネルの経営再建は、一九六七年東京12チャンネルを他の在京民放四社の管理下に置くことで再スタートした。

まず一九六八年、財団に出資していた各企業が番組制作会社として「株式会社東京12チャンネルプロダクション」を設立し、制作部門と放送部門の分離による経営の改善を図った。だが、それも上手くはいかなかった。

ここでクローズアップされたのが、新聞社によるテレビ局の系列化である。

当時すでに、在京民放の新聞社による系列化が進んでいた。日本テレビが読売新聞、フジテレビが産経新聞、ＴＢＳは毎日新聞、ＮＥＴは朝日新聞。そのなかで財団が経営する東京12チャンネルは、その埒外にあった。

このような系列化にあたって政界で中心的な役割を果たしたのが、自由民主党の国会議員・田中角栄

であった。

田中は一九五七年岸内閣の郵政大臣に就任するや、以前から多くの申請が殺到して懸案になっていたテレビ放送免許の一括大量認可に踏み切った。その後大蔵大臣や党幹事長などの要職を務めるなかで、一貫して田中は電波行政に強い関心を持ち続け、さまざまなかたちで介入した。そのなかのひとつとして、新聞社による放送局の系列化の仲介があった（余談めくが、田中は現役の大蔵大臣時代に日本テレビで『大蔵大臣アワー ふところ放談』（一九六五年放送）という〝冠トーク番組〟を持ち、個人PRではないかと国会で問題になったことがあった。このような面でも田中がテレビの影響力を早くから熟知し、自らも利用しようとしていたことがうかがえる）。

そうしたなか、大手新聞社のなかで唯一放送媒体を持っていなかった日本経済新聞に順番が回ってくることになる。

ただ日本経済新聞はテレビ局に資本参加していなかったわけではなく、NETの株をすでに所有していた。一方、東京12チャンネルは、報道において朝日新聞と協力関係にあった。しかし朝日新聞がNETに加えて東京12チャンネルまで系列化するようになると全体のバランスが崩れてしまう。そこで日本経済新聞が朝日新聞にNETの持ち株を譲渡し、東京12チャンネルと系列関係を結んではどうかという案が持ち上がった（同書、五四頁）。

それは、電波媒体に以前から関心のあった日本経済新聞にとっても渡りに船の案であった。そして一九六九年一一月、放送免許更新を機に日本経済新聞は正式に東京12チャンネルへの経営参加を決めることになるのである（前掲『東京12チャンネル15年史』、六二頁）。

しかしながら、すぐに経営状況が良くなる兆しは見えなかった。そこで検討を重ねた結果、日本経済新聞は抜本的な改革に乗り出すことを決意する。財団による経営をやめて株式会社組織にすること、そして同時に採算がとれるようにするため科学教育専門局から一般総合局へと転換することを方針として決め、政財界首脳への働きかけを始めたのである（中川順『秘史――日本経済を動かした実力者たち』講談社、一九九五年、二八五頁）。

そのとき、田中角栄は総理大臣になっていた。ここでも日本経済新聞の再建案は、田中の政治判断に委ねられることになったわけである。

当時日本経済新聞社の電波担当常務であった中川順《すなお》の回想するところでは、田中は当初、再建案に否定的だった。教育専門局が一般総合局に転換した前例がなかったからである。しかし、直接面会した中川が懸命に訴えた結果、田中は一転認める決断をくだした。「よし、分かった。やれ。その代わり、電光石火でやるんだぞ。遅れると雑音が入り、行政裁判になるからな」がそのときの言葉だったという（同書、二八五―二八七頁）。

こうして一九七三年一一月、「東京12チャンネルプロダクション」は「株式会社東京12チャンネル」へと局名を変更、そして科学教育専門局ではなく一般総合局として再出発することになった。

「テレ東らしさ」の原点

ここまで東京12チャンネル開局、そして開局後の経営危機をめぐる状況をみてきた。

まずそこからわかるのは、東京12チャンネルの誕生からの一連の流れがきっかけとなって、最終的に現在の私たちがよく知るテレビ界の構図が形づくられたという歴史的事実である。

東京12チャンネルの経営危機は、教育専門局の難しさを痛感させるものだった。実は一九七三年に東京12チャンネルが一般総合局になった際、同じく教育専門局としてスタートしていたNETも同時に一般総合局への変更を政府によって認められている。やはり長年の業績不振に悩んでいたのである。すなわち、東京12チャンネルの一般総合局化は民放教育専門局の終焉でもあった。テレビ局の新聞社による系列化も、そこに至るプロセスのなかで完成したものであった。

その結果、いまも続く在京民放テレビ五局による基本体制（現在は東京メトロポリタンテレビジョン（通称「東京MXテレビ」、一九九五年開局）を加えて在京民放は六局だが、系列局とのネットワークの有無の観点から五局による「基本体制」は変わっていないと言える）の原型がこの時点で整った。それは、すでにふれた「娯楽か教育か」というテレビの社会的役割をめぐる議論における「教育」の敗北のように見える。視聴率、ひいては経営のことを考えれば「娯楽」に傾くしかない。「教育」では経営は成り立たない。そんないかんともしがたい現実的判断が勝ったことがひしひしと伝わってくる。

ある意味皮肉なことだが、大宅壮一の「一億総白痴化」論は、その対抗言説として命脈を保つことになった。たとえば、一九六〇年代に『コント55号の裏番組をぶっとばせ！』（日本テレビ）で女性芸能人がじゃんけんに負けると衣服を脱いでいく野球拳の人気が沸騰した際に起こった〝低俗批判〟など、テレビの行きすぎた娯楽志向を批判するひな型として、「一億総白痴化」論は生き続けた。

ただ、娯楽の追求は無条件に否定されるものではない。

実は大宅壮一自身も、娯楽と対立する意味での教育とはまた異なる、テレビの教育的役割に期待をかけていた。大宅は、「一億総白痴化」論が教育専門局設置の方便に使われることには「テレビの〝白痴化〟も困るが、テレビの〝教育化〟もこれまた困りものである」と異を唱えていた。そして、「テレビによって、民衆の、社会教育を行う」ことによる「一億総利口化」を唱えていた（前掲『テレビ的教養』、一一四—一一五頁)。

つまり、大宅は娯楽でも教育でもない〝第三の道〟として「一億総利口化」を考えていた。そしてテレビによって身につく「利口」さ、それを仮に「テレビ的知性」と呼ぶならば、私たちが現在「テレ東らしさ」として感じるものは、そのひとつの果実なのではなかろうか。

私たちが「テレ東らしさ」と呼ぶもの、その本質は企画力である。他局に比べて予算や人手の面で不利な点を踏まえたうえで、社員やスタッフが自らの知恵を絞り、そこから生まれた「これは」というアイデアを番組にすることに全精力を注ぐ。

その一端はすでに、先ほどふれたように田原総一朗による開局日の番組にはっきりと表れていた。科学技術の普及という要素が入っていなければならないという条件を逆手に取り、「SFドラマ」をやるという発想、さらにそれを具体化する際の妥協することのない「面白さ」優先の考え方にはまさに、「テレ東らしさ」の原点が感じ取れる。

それは、東京12チャンネルに特別ユニークで個性的な人材が集まっていたからではないだろう。そういう面もなくはないだろうが、それよりもまずテレビというもの自体が、そうしたベクトルを内在させたものなのだと考えたほうが真実に近いように思える。テレビとはさまざまな制約だらけのものである。同じ映像メディアである映画とも違い、文字通り日常生活に密着したメディアであるテレビは法律や慣習、道徳や世間的常識の影響を直に受けやすく、またそれらのことを考慮せざるを得ない。だが田原が「三すくみの構造」の図式で説明するように、だからこそ実現できるテレビ独自の表現もある。それを田原は、いち早く実践してみせたのである。

しかし一九六四年の時点では、そんな「テレ東らしさ」を面白がるだけの「テレビ的知性」は、視聴者のなかに十分行き渡っていたとは言い難い。そういう意味での視聴者の〝成熟〟は、一朝一夕で進むものではなかった。それは結局、書物を読んだりすることではなく、テレビを実際に見ることによって身につくものだからである。それゆえ、経営再建の道筋はなんとかついたとしても、テレビ東京の視聴率面の苦戦は長らく続くことになる。

ただ、そうした状況においても「テレ東らしさ」はずっと途切れることなく、その歴史のなかで随所に発揮された。次章以降、そのあたりを詳しく見ていくことにしよう。

2 「番外地」の挑戦
——苦闘する一九六〇・七〇年代

三強一弱一番外地

「番外地」。テレビ東京に関連した本を読むと、必ずと言っていいほど出てくる表現だ。開局当時からの社員で編成局長を務めた石光勝は、一九八〇年代前半の話としてこう記している。

「誰が言い出したのか、当時のテレビ業界では、「三強一弱一番外地」という言い方が横行していました。三強は日本テレビ、TBS、フジテレビ、一弱はテレビ朝日、番外地がテレビ東京。区分けの基準は視聴率です。その視聴率はテレビの通貨だから、営業売上の差でもあります」(石光勝『テレビ番外地——東京12チャンネルの奇跡』新潮新書、二〇〇八年、九頁)。

現在でこそ勢力図も多少変化しているが、テレビ東京にとって一九八〇年代になっても科学教育専門局というスタート時の〝ハンデ〟は大きかったことがうかがえる。ただそれにしても、「番外地」という表現にはインパクトがある。番地のつかない場所、つまりテレビ東京は他局にとって論外の存在であり、同じフィールドに立つ競争相手とすら認められていなかったのである。

とはいえ、テレビ東京に対する評価の高まりもあって、近年は「番外地」という言葉の受け止め方もかなり変化したように見える。

現在のテレビ東京のドラマを代表する枠である「ドラマ24」。『孤独のグルメ』や「勇者ヨシヒコ」シリーズを世に送り出した深夜の看板枠だが、その三〇作目となる記念の作品は『まほろ駅前番外地』（二〇一三年）であった。偶然とは言え、ここでも「番外地」が登場する。

同作品は、東京郊外の街で便利屋を営む瑛太と松田龍平演ずる二人組の日常を描いたもの。いかにもテレ東らしいまったりした空気感が魅力の作品である。少なくとも、そこには「番外地」という呼び名の由来になったと思われる高倉健主演の映画『網走番外地』（一九六五年）のような荒涼とした雰囲気はいっさいない。むしろ『まほろ駅前番外地』の「番外地」のほうは、世の中の世知辛さから解き放たれたようなポジティブな響きさえ帯びている。それは、現在のテレ東に視聴者が感じる一種のエアポケット的な安堵感と重なるだろう。

しかし、『網走番外地』が公開された一九六〇年代、テレビ東京の前身である東京12チャンネルは、まさに極寒の番外地にある刑務所に送られた高倉健よろしく、その境遇から脱出しようと苦闘の真只中にあった。以下、その様子を詳しく見ていくことにしよう。

「女子プロレス」中継、当たる

東京12チャンネル開局の際に多くの転身組がいたことは前章でも述べたが、そのなかにはおよそ想像もつかない異分野からの入社組もいた。初代運動部部長を務めた白石剛達《たけみち》などは、その代表格だろう。

東京12チャンネルが開局した一九六四年当時、白石はレスリングの全日本チームの強化コーチだった。大事な東京オリンピック本番もすぐ間近に迫っていた頃である。テレビはおろかマスコミとも無縁な世界であり、それどころではないはずだった。ところが大学の後輩の父親に言われて東京12チャンネルのテレビ本部長（実質的な社長）だった津野田知重に会ったところ、意外にも入社の誘いを受けたのである（布施鋼治『東京12チャンネル　運動部の情熱』集英社、二〇一二年、一二―一三頁）。テレビには興味のなかった白石だが、悩んだ末にオリンピックが終わる一〇月二四日までは非常勤扱いにしてもらう条件で入社を決める（同書、一三頁）。いくつかの部署を経た後、白石が編成局のなかに新設された運動部でスポーツ番組担当になったのは一九六七年四月のことだった。

ちょうど同じ頃、乱立していた諸団体を統一するかたちで日本女子プロレス協会が発足する。そしてその直後、東京スポーツのプロレス担当記者・山田隆から白石の元へ女子プロレス中継の話が持ち込まれた。

しかし、当時の女子プロレスは、ストリップ劇場やキャバレーで試合が行われることも少なくなく、エロとお笑いがメインのショー的色彩のきわめて濃いものであった。とてもスポーツとは言えないし、ましてや科学教育専門局の東京12チャンネルである。そのままでの中継はどう見ても難しかった（同書、一〇一―一〇二頁）。

そこで白石は、元レスリングコーチの目で見どころありとにらんだ二人の選手、小畑千代と佐倉輝美を抜擢し、女子プロレスをスポーツとしてふさわしいものにすることから始めた。そして一九六八年一一月二一日、三〇分の特番『女子プロレス世界選手権　ファビュラス・ムーラ対小畑千代』を蔵前国技館から中継。すると、なんと二四・四パーセントという開局以来の視聴率最高記録をたたき出したのである（同書、一〇〇頁）。

一九五〇年代、日本のテレビがプロレス人気とともに始まったことは、よく知られた事実だろう。空手チョップで大きな体格のアメリカ人レスラーをなぎ倒す力道山。日本人は、テレビの画面に映し出されるその姿に敗戦のコンプレックスを払しょくしてくれる英雄の姿を重ね熱狂した。プロレスを中継する街頭テレビの前には、万単位の群衆が詰めかけることもあったとされる（NHK放送文化研究所編『テレビ視聴の50年』日本放送出版協会、二〇〇三年、一五頁）。

ただ一方で、プロレスには「八百長」という疑念が当初からつきまとった。プロレスはあらかじめ筋書きの決められたショーであってスポーツとは言えない、とする批判である。力道山は、そうした論調とも闘った。ショー的な面もあるかもしれないが、基本は技と技の真剣勝負であると、彼は繰り返し主張した。

そうした〝健全化路線〟を進めていたプロレスにとって、当時の女子プロレスは同列にされたくない存在であった。プロレスと女子プロレスはともに世間の偏見と闘わなければならない同志だったはずだが、一足先に人気を獲得したプロレスにとっては、依然として残る女子プロレスに対する世間の偏見の目にいまさら巻き込まれないようにしたいという気持ちのほうが強かった。

白石が目指したのは、そうした評価も承知のうえで女子プロレスをプロレスと同じくスポーツとして確立させることであった。ただ白石自身も、先述のような高視聴率を挙げるとは予想していなかった（前掲『東京12チャンネル運動部の情熱』、一〇八頁）。女子プロレス中継は、図らずもプロレスとテレビの相性の良さを改めて証明したのである。

その後女子プロレス中継は、週一回夜七時台のレギュラー番組になった。ただしそうした際にも、女子プロレスへの根強い偏見を予想して、アマレスの金メダリストをゲストに招き、その口から「女子プロレスの歴史は古代ギリシャにまでさかのぼる」とか、ゲストの医師に「健全な肉体に健全な魂は宿る。女性にとってもプロレスのような激しい運動はいいこと」とか解説してもらうなど、「スポーツ中継は教育の一環」とするための〝対策〟も怠りなかった（同書、一〇九頁）。

ところが、そうした白石らの懸命の努力にもかかわらず、女子プロレス中継は一九七〇年三月、わずか一年五カ月で打ち切りの憂き目を見ることになってしまう。理由は、人気が下がったからではない。女子プロレス中継は、平均で一五パーセントと東京12チャンネルの全番組中トップの視聴率を誇っていた。

ではなぜか？　そこには、東京12チャンネルに向けられていた世間からの厳しい批判をかわす目的があったと白石は語る（同書、一一七頁）。

『プレイガール』と『ハレンチ学園』

当時、世間の〝良識〟から問題視された東京12チャンネルの番組は、女子プロレスだけではなかった。白石が具体例として挙げるのは、ドラマ『プレイガール』である。一九六九年四月にスタートし、一九七六年三月まで続く長寿番組になった。

一九六九年は日本経済新聞の経営参加が決定した年だが、前章でも書いたようにそれですぐ経営が軌道に乗ったわけではなく、そのためには視聴率を獲得できる番組が待ち望まれていた。

当時編成部長の職にあった藤巻正義は、『プレイガール』誕生のいきさつを次のように話す（金子明雄『東京12チャンネルの挑戦』三一書房、一九九八年、一四七―一四九頁）。

ある日、ラーメン屋に入った藤巻は、店にあるテレビのチャンネルを店員のお姉さんが自分の好きなように変えている場面に出くわした。それまでチャンネルの選択権は一家の家長である大人の真面目な男性にあるように漠然とイメージしていた藤巻は、それを見て軽い、肩の凝らない番組を求めている視聴者もたくさんいるのではないかと思い至る。また、そうした「ラーメン屋さんにも赤ちょうちんの飲み屋さんにもチャンネルを合わせてもらえるような番組を作る」ことは、東京にあるテレビ局で唯一ネットワークを持たないローカル局の戦略としてふさわしいと確信もした。

その体験を踏まえて実現したのが、「お色気路線」の『プレイガール』であった。ジャンルとしては、女性探偵たちが事件解決のために活躍するアクションものである。ただし毎回のように入浴シーンや水着シーンが盛り込まれ、クライマックスのアクションシーンではミニスカートで敵と戦う「プレイガール」たちの「パンチラシーン」が話題になった。そしてそれが功を奏し、視聴率もゴールデンタイムで二桁という、東京12チャンネルとしては快挙を達成した。

『プレイガール』が先鞭をつけたこの軟派路線をさらに決定づけたのが、翌一九七〇年に始まった『ハレンチ学園』である。

原作は永井豪による同名の漫画。中学(ドラマ版では高校)を舞台にしたギャグ漫画だが、この作品がきっかけで「スカートめくり」が大流行し、学校関係者やPTAからは「教育上問題」「有害」という批判の声が次々と上がり、擁護派と批判派のあいだで激しい論議を巻き起こした。映画化もされたが、その製作元である日活が東京12チャンネルにドラマ化の話を持ち込んだのである。

そんな事前からの話題性もあり、ドラマ『ハレンチ学園』は、ちょうど同じタイミングで始まったTBS『水戸黄門』を上回る人気を得た。一九七〇年一〇月八日放送回の視聴率は二八・四パーセント。これはテレビ東京のドラマ史上、いまだに破られていない記録である。しかし、「科学教育専門局」のあまりの豹変ぶりに、「12チャンネルは真面目な番組ばかり放送していたのに、なんであんな下品な番組を……」といった視聴者からの声も寄せられた(同書、一四七頁)。

「エロ」の時代背景

ただ、当時のテレビ全般に目を向けてみると、こうした「エロ」を売り物にする〝過激路線〟は、東京12チャンネルだけが突出していたわけではない。

『プレイガール』と同じく一九六九年四月に始まった日本テレビ『コント55号の裏番組をぶっとばせ!』の野球拳コーナーがやはり世間から「低俗」「俗悪」などの批判を浴びたことは、前章でもふれた。しかし、それにもかかわらず一九六九年一〇月には三三・八パーセントの高視聴率を記録するなど、人気番組になった。

また同じ一九六九年の一〇月にスタートしたのがTBS『8時だョ!全員集合』である。ザ・ドリフターズによるコントが小学生など子どもたちを中心に人気を集め、最盛時には五〇・五パーセントという驚異的な視聴率を記録して「お化け番組」の異名をとった。ただこの番組にも、しばしば下ネタがあった。たとえば、一九七〇年代前半に流行したメンバーの加藤茶のギャグ「ちょっとだけよ」は、ストリップ劇場の踊り子のセリフを元ネタにしたもの。それゆえこの番組も、PTAが選ぶ「ワースト番組」の常連だった。

「低俗」番組が続出した背景には、時代の潮流がある。一九七〇年前後のこの時期、既成の権威や価値観を否定するカウンターカルチャーや反体制文化が世界中を席巻した。音楽ではロックやフォークが支持され、学生運動やヒッピームーブメントが各国で盛んになった。日本も例外ではなかった。

それらの影響は、テレビにも及んだ。たとえば、一九六九年から一九七一年にかけて放送された日本テレビのバラエティ『巨泉×前武ゲバゲバ90分!』はその好例である。タイトルに使われた「ゲバ」とは「ゲバルト（Gewalt）」、すなわち学生運動などで主張された国家権力に対する抵抗手段としての「暴力」を意味するドイツ語からとったものである。現在であれば、そうした単語がバラエティ番組のタイトルに使われることは想像しにくい。しかし当時は、それだけ日常会話にも登場した単語であった。

また同番組から生まれた流行語「アッと驚く為五郎」にも同様の時代的要素が入っている。クレージーキャッツのハナ肇が為五郎に扮して発するフレーズなのだが、その際のハナは、長髪にバンダナ、サングラスにサイケデリックな柄のシャツという典型的ヒッピースタイルに身を包んでいた。それだけ反体制気分は身近なものになっていたのである。

東京12チャンネルも同様だった。

前章でもふれたように開局番組で奇想天外な「SFドラマ」を制作した田原総一朗は、入局後ドキュメンタリーのディレクターとして『ドキュメンタリー青春』シリーズや「金曜スペシャル」の枠で多くの番組を世に問うた。

そこにもやはり、当時の世相が色濃く反映されている。たとえば、学生運動の最中のバリケード封鎖された早稲田大学の校舎にピアノを運び入れ、ジャズピアニスト・山下洋輔のコンサートをそこで開いたり（一九六九年放送「バリケードの中のジャズ〜ゲバ学生対猛烈ピアニスト〜」）、またフリーセックスを信奉する集団の結婚式にカメラを持ち込み、ディレクターの田原自らが花嫁との性行為を体験したり（一九七〇年放送「日本の花嫁」）、といったことである。

同じ観点から『プレイガール』や『ハレンチ学園』に改めて注目してみると、そこには「エロ」だけではない番組の魅力も見えてくる。

『プレイガール』は、女性が主役のアクションものという新しいスタイルを成功させた。ボス役の沢たまきをはじめとする女性探偵たちは、お色気は振りまいても男性に媚びることはない。そこに当時の反体制文化の一側面である女性解放運動に通じるものを読み取るのもあながち的外れではないだろう。少なくともアクションと言えば男性の専売特許というステレオタイプを打ち破ったことは間違いない。

『ハレンチ学園』になると、時代との関係はもっと明確だ。物語に通底するのは権威主義的な教師や学校に対する生徒の反発であり、そこには学生運動が盛んだった当時の空気がひしひしと感じ取れる。ギャグ漫画というスタイルは、「聖職者」というイメージの陰で実は俗物ぞろいの教師たちを揶揄するためのものであり、「エロ」の要素もその文脈で登場するものだった。漫画版の最終回では、権力側がハレンチ学園を完全につぶしてしまおうと爆撃機で攻撃してくるのに対し、主人公たちが自由を守ろうと武器を手に戦う姿が描かれる。

要するに、『プレイガール』や『ハレンチ学園』も当時のテレビ、そして時代の空気のなかではそれほど異端だったわけではない。ところが目立ちがちな「エロ」の部分だけが文脈から切り離されてしまうとたちまち「低俗」というレッテルを貼られ、世間から糾弾されることにもなる。女子プロレス中継は、白石らによる健全化の努力も空しく、そのあおりを食ったかたちになったのである。

もうひとつの〝プロレス〟——ローラーゲームブーム

だが東京12チャンネルの運動部は転んでもただでは起きなかった。

スポーツにもメジャーとマイナーがある。全世界に普及しているサッカーのような競技もあれば、その国だけで人気のあるローカルなスポーツもある。

ローラーゲームは、アメリカのローカルスポーツだった。男女五名ずつの混成チームが攻守を交代しながら競い合う。楕円形をしたリンクをローラースケートで周回し、先行する守備側の相手チームを追い抜けばその人数分が得点になる、とても単純なルールである。

そのなかで見どころは、激しいボディコンタクトだった。守備側は、タックルや肘打ちなどで攻撃側の走者を抜かせまいとする。それをいかにすり抜けるかが攻撃側走者の腕の見せどころだ。時には両軍がエキサイトして乱闘になることもある。

一九六八年四月に始まった番組は好調だった。同年九月一四日、アメリカから二チームを日本に招いて開催した試合の生中継では、一五パーセントの視聴率を獲得した（前掲『東京12チャンネル運動部の情熱』、九二頁）。ただ飽きられるのも早かった。一年も経たずに視聴率は急降下し、一九七〇年九月をもって番組は打ち切られてしまう。

だが白石剛達はあきらめなかった。失速の原因がアメリカ人チーム同士の試合にあるとにらんだ彼は、日本人チーム「東京ボンバーズ」を結成。アメリカ人チームとの対決構図を前面に押し出した。その日米対決の模様は、一九七二年九月開始の『日米対抗ローラーゲーム』のなかで毎回放送され、やがてローラーゲームブームが巻き起こった。人気のピーク時には日本武道館での試合も開催されたほどだった。

この戦略が力道山プロレスの成功をなぞったものであることはいうまでもない。場外乱闘がショー的見せ場のひとつになる激しいコンタクトスポーツであるローラーゲーム自体が、元来プロレス的な面を持っている。ただ、それだけではブームにまでは至らなかった。力道山が巨体の外国人レスラーをなぎ倒す姿にまだ敗戦の記憶を残す多くの日本人が快哉を叫んだように、体格面で劣る日本人がスピードとテクニックを駆使して大柄なアメリカ人チームを翻弄する姿に大衆は熱狂したのである。

しかしながら、高度経済成長を経て豊かになり始めていた一九七〇年代の日本では、力道山のような

〝敗戦コンプレックス〟を刺激するヒーローではなく、身近なアイドルが求められ始めていた。

それは、テレビがアイドルを生みだす時代の始まりでもあった。芸能の世界では一九七一年に始まった日本テレビのオーディション番組『スター誕生!』から森昌子、桜田淳子、山口百恵の「花の中3トリオ」やピンク・レディーが輩出されたが、その少し前の甲子園の三沢高校投手・太田幸司をはじめ、スポーツの世界からも続々とアイドルが誕生するようになっていた。

女性では、一九七二年の札幌冬季オリンピックに出場したアメリカの女子フィギュアスケート選手ジャネット・リンもそのひとりだ。その理由は、圧倒的に強いからではなく、失敗して尻もちをつきながらも笑顔を絶やさない姿が可愛らしく魅力的に映ったからだった。完全無欠ではないことが逆に人気を高めたのである。

「東京ボンバーズ」の佐々木ヨーコもそうだった。スリムな体型の彼女が、相手選手に何度も倒されて苦痛に顔を歪めながらも立ち上がり、最後は長い黒髪を颯爽となびかせながら得点を挙げる姿は若者の絶大な支持を集め、その半生が漫画にもなった。ローラーゲーム中継の成功は、そんなところにも一因があったと言える。

『年忘れにっぽんの歌』から『演歌の花道』へ

スポーツ番組の奮闘とともに、この時期の東京12チャンネルで特筆したいのが音楽番組である。五〇回以上の歴史を数え、現在も続くのが『年忘れにっぽんの歌』だ。『NHK紅白歌合戦』とともに大晦日の大型音楽特番としてすっかり定着した感がある。

その最初は、一九六八年に始まった『なつかしの歌声』にさかのぼる。タイトルの通り、往年の人気歌手を集めて「なつメロ」を中心に聞かせる歌番組だった。

ところが、一九七三年の同番組の視聴率が六・四パーセントと大きく下がり、番組自体の存続が危うくなった。その頃、演歌に対する沢田研二や布施明らポップス勢の台頭、さらには先述の「花の中3トリオ」や「新御三家」（野口五郎、郷ひろみ、西城秀樹）など人気アイドル歌手の登場があり、歌謡界は大きく様変わりしようとしていた。そこに懐かしさを前面に出した番組のスタイルは、時代とずれ始めていたのかもしれない。

そこで東京12チャンネルは、番組を一新することを決意する。タイトルから「なつかし」をとって一九七五年『輝く日本の歌声　年忘れ大行進』に改め、それに合わせて現役の人気歌手の出演を目論んだ（前掲『東京12チャンネルの挑戦』、七九頁。ただし金子はこの変更を一九七四年としているが、記録によると一九七五年のことと考えられるのでそのように記述する）。

だがそこには難関があった。放送は大晦日の夜で、当時TBSの日本レコード大賞とNHKの紅白歌合戦の生放送があったからである。日本レコード大賞に出演した歌手が紅白歌合戦に間に合うようにパトカーが先導して会場間を移動する光景は、師走の風物詩になっていたほどだった。

要するに、大晦日の人気歌手は分刻みのスケジュールで動いていたわけで、そこに東京12チャンネルが割り込むことは容易ではなかった。だが東京12チャンネル入社前はTBSで音楽番組のスタッフとして働き、入社後は石原裕次郎の番組制作を通じてNHKとのつながりもあった金子明雄が奔走し、橋幸夫、北島三郎、島倉千代子、水前寺清子といったスター歌手の出演にようやくこぎつける（同書、七〇頁）。

さらに大胆なキャスティングを狙ったのが司会者である。

金子は、新司会者として宮田輝に白羽の矢を立てた。宮田と言えば、紅白の司会を何度も務め、『ふるさとの歌まつり』という全国各地を回る芸能番組で抜群の知名度を誇ったNHKの名アナウンサーである。

折しも宮田は、政界進出のため一九七四年にNHKを辞めていた。ここぞとばかりに金子ら番組スタッフは粘り強く交渉し、宮田の司会者としての復帰が実現する。話題性もあって視聴率は二桁に達し、番組の存続も決定した。結局宮田は一九七七年まで同番組（その後番組名の変遷があり、一九八〇年から『年忘れにっぽんの歌』となった）の司会を務める。

ただ、現役スター歌手をキャスティングし、かつての紅白の名司会者を起用することで、「紅白」の後追いをしているようにも映る。

だが、『年忘れにっぽんの歌』は、決して「紅白」の二番煎じには陥らなかった。出演歌手すべてが現役の人気歌手だったわけではなく、「なつメロ」という特色は残されたからである。また新たな出演歌手たちも、先ほど挙げたように基本的に演歌の系統であった。

そこにはやはり後発局ゆえの限界があったと言えるだろう。だがその制約ゆえに番組の特色も形づくられた。それは一言で言えば、ノスタルジーである。番組タイトルが示すように、「日本的なもの」への郷愁が東京12チャンネルの音楽番組の持ち味になった。

一九七八年に始まった『演歌の花道』は、その結晶と言えるだろう。

当時カラオケが普及し始め、一般のファンも本格的な伴奏で好きな歌を歌える時代になった。その頃カラオケ機器の多くがバーやスナックなど酒場に置かれたこともあって、よく歌われたのは演歌だった。レコード会社もその需要を見込んで、カラオケで歌いやすい曲をレコードにするようになった。大ヒットした渥美二郎「夢追い酒」（一九七八年）や細川たかし「北酒場」（一九八二年）などは好例である。

前出の金子明雄は、そうした歌謡曲・演歌のカジュアル化の流れにあえて逆らおうと考えた。「酒場で流れる演歌と同じ次元のもの」ではなく、「歌と歌手に合わせて作り上げた非日常的な空間の中で、カラオケでは味わえないプロフェッショナルによる歌の世界を作り上げ」ること。企画書には、「失われた日本の原風景を再現する」と書いた（同書、九四―九五頁）。

そうして始まった『演歌の花道』では、企画意図に合わせ毎回細部まで手の込んだ「歌の世界」が構築された。

たとえば、八代亜紀の「雨の慕情」（一九八〇年）であれば鄙びた温泉宿のセットにすることをまず決める。そして本番では、樹木があれば扇風機で風を起こし、小川があれば川面に花びらを散らすなど細かな演出の工夫が重ねられた。歌は同時収録の一発録り。しかも歌の世界観を崩さないよう、通常の歌番組のようなハンドマイクではなく衣装に付けたピンマイクを使ったので、歌声を拾うのにも細心の注意が必要とされた。そして「浮き世舞台の花道は 表もあれば裏もある」と古典的な七五調のナレーション。ナレーター・来宮良子の独特の落ち着いた口調は番組の代名詞にもなった。結局、『演歌の花道』は、二〇年以上続く長寿番組になる。

アイドル番組の老舗的存在に――『ヤンヤン歌うスタジオ』

一方、その対極とも言えるアイドル出演の音楽番組も東京12チャンネルの得意ジャンルになった。

先ほどもふれたように、一九七〇年代はアイドルの時代の幕開けであった。とはいえ、歌謡曲の世界では、歌の上手さよりも見た目の可愛さやかっこよさが優先されがちなアイドルはまだまだ異端の存在であった。とりわけNHKの『レッツゴーヤング』（一九七四年放送開始）などはあったものの、アイドル歌手だけが出演する番組はほとんどなかった。

そうしたなかで、東京12チャンネルは早くも一九七二年に『歌え！ヤンヤン！』をスタートさせている。「ヤンヤン」とは「ヤング」を重ねた造語。そのタイトル通り、当時若者に人気の男性アイドルグループ・フォーリーブスをメインに据えたバラエティ色の強い歌番組であった。

この『歌え！ヤンヤン！』の後継番組として誕生したのが、一九七七年放送開始の『ヤンヤン歌うスタジオ』である。毎回出演するのはアイドル歌手だけ。コントやミニドラマのコーナーもあり、『歌え！ヤンヤン！』と同じくバラエティ色の濃いスタイルだった。

だがここでも後発局の悲哀が顔をのぞかせる。予算や人員の不足だけでなく、東京12チャンネルはキャスティングに必要な芸能界とのコネクションも乏しく、特にアイドルについてはそうだった。山口百恵ら当時のトップアイドルはもちろんのこと、その頃爆発的ブームを巻き起こしていたピンク・レディーに至っては、月に二時間しかスケジュールを押さえることができなかった。それでもピンク・レディーを毎週出演したかたちにしたいがために、その二時間のあいだにカット割りだけを微妙に変えて四パターンの歌を収録するなど細かい工夫をしたりもした（伊藤成人『テレ東流 ハンデを武器にする極意――〈番外地〉の逆襲』岩波書店、二〇一七年、七二―七三頁）。

ところが、そうした制約がまたもや思わぬ副産物を生む。

毎週歌をただ流すだけでは物足りない。しかし、別の企画を考えてスタジオできっちり収録するには歌手の側の時間もない。そこで考えられたのが、ちょっとした合間を利用した〝楽屋トーク〟だった。「控室や美術倉庫、VTR室など局内あちこちで「カラミ」、つまりMCトークを撮る」ことにしたのである（同書、七三頁）。

これがきわめて新鮮だった。いまでこそ芸能人の素の部分を見せることは当たり前の演出になっているが、当時はまだ芸能人は雲の上の「スター」という時代、素顔を見せることはイメージを損なうとしてご法度だった。ところが『ヤンヤン歌うスタジオ』は、楽屋裏でリラックスした表情のアイドル歌手の姿を惜しげもなく見せてくれたのである。

そうした歌手の魅力を引き出すうえで、司会が歌手・タレントとして若者に人気のあったあのねのねだったことも幸いした。彼らはアイドル歌手たちの良き兄貴的なスタンスで素の表情を存分に引き出した。実はある大物の司会者が内定していたのだが、これも予算等の問題で駄目になっていたのが思わぬかたちでプラスに転じたのである（同書、五〇頁）。

技術の画期的進歩も味方した。それまで映像の編集は、まさにテープを切ってつなぐやりかただった。だがあまり切っているとテープがすぐに使えなくなるので、そのまま放送できるように台本通りの順番に収録する「完パケ」収録が基本だった。ところがちょうど『ヤンヤン歌うスタジオ』の開始と時期を同じくして、「エディター編集」と呼ばれる、テープを切らずにダビングしながら編集できる方式が開発された。要するに、バラバラに撮って後から編集の際に手軽につなぎ合わせられるようになったのである。

そのバラバラに撮る方式を「ブロック撮り」と言う。この手法によって、〝楽屋トーク〟のような小さなコーナーをテンポよく組み合わせる番組構成も容易になる。そしてこの「ブロック撮り」を「テレビで初めて開発して始めた」（同書、七八頁）『ヤンヤン歌うスタジオ』は、視聴率一五パーセント以上を獲得するようになり、一九八七年まで続くアイドル番組の老舗的存在になっていくのである。

他局へ移った音楽番組――『題名のない音楽会』

東京12チャンネル発の音楽番組として意外なところでは、『題名のない音楽会』がある。そう聞いて「テレビ東京の番組？」と思うひとも少なくないはずだ。しかし、テレビ朝日系列で現在も放送されているこの長寿番組は、元々東京12チャンネルで始まったものだった。番組の顔にもなった作曲家の黛敏郎を司会に配して初回が放送されたのは、東京12チャンネル開局からまだ四カ月後の一九六四年八月のことである。またスポンサーは石油会社の出光興産（現在は出光昭和シェル）で、それは現在も変わらない。

企画のそもそものコンセプトは「クラシック音楽とポピュラー音楽の結婚」。同じ音楽ではあるが、まったく互いに相容れないと言ってもいい二つのジャンルを融合させようという試みである（前掲『東京12チャンネルの挑戦』、一五七頁）。

たとえば、当時歌謡番組にスマイリー小原という人気指揮者がいた。彼は歌謡曲の伴奏をする楽団の指揮者という本来は裏方的立場でありながら、指揮のあいだじゅう軽快に踊り続けて歌手以上に目立ってしまい、それがまた「踊る指揮者」として人気を呼んだ。そこで『題名のない音楽会』では、「スマイリー小原にクラシックのオーケストラの指揮をさせたらどうなるか？」という企画で放送したこともあった（同書、一五九頁）。

もちろん、番組開始当初は戸惑いや摩擦もあった。第一回のゲストは歌謡曲の人気歌手である松尾和子。本番前の音合わせで初めて会ったとき、まだクラシック至上主義が強固だったオーケストラの団員たちは拒絶反応を示し、その雰囲気を察した松尾は足がすくんでしまったという（同書、一五八―一五九頁）。

しかしそうした番組づくりの苦労はあったとしても、企画はテレビのツボを押さえたものだった。日本のテレビバラエティの開拓者である日本テレビ・井原高忠は、バラエティの真髄は「意表をついた配列」にあると言っている。たとえば、能の人間国宝が芸を披露した直後にオットセイの曲芸が始まる構成にする（井原高忠『元祖テレビ屋大奮戦！』文藝春秋、一九八三年、一〇二頁）。その組み合わせにそれぞれ個別では味わったことのない妙味が生まれる。いまふれたスマイリー小原の企画を思い出すまでもなく、『題名のない音楽会』はまさに、そうした点で視聴者の意表をつく番組の典型であった。

また別の角度から言えば、この番組は「テレ東らしさ」の産物でもあった。すなわち、教育専門局という制約を踏まえた教養番組のかたちをとりつつ、常識にとらわれない発想でこれまでに見たことのないような娯楽性を生み出す。テイストはまったく異なるが、前章でふれた田原総一朗の企画『こんばんは21世紀』と根は同じと言えるだろう。制約からこそ斬新なアイデアは生まれる、というわけである。

そうしてスタートした『題名のない音楽会』は熱心なファンを獲得し、公開収録では定員二三〇〇人の渋谷公会堂を超満員にするほどになった（前掲『東京12チャンネルの挑戦』、一六〇頁）。

ところが、前章でも述べたように、番組開始、つまり開局からほどなく東京12チャンネルは深刻な経営不振に陥る。予算の大幅削減を条件に番組の継続を上から打診されたスタッフは、番組のクオリティを維持するためそのまままるごと他局に移す決断を下した。そして交渉の結果、番組に出演していた東京交響楽団が継続出演しても問題のないNET、現在のテレビ朝日に移籍が決まったのである（同書、一六〇―一六一頁）。

箱根駅伝中継事始め

同じく東京12チャンネルで始まりながらも途中で他局に移ったのが、箱根駅伝中継である。これも日本テレビのイメージが強いが、当初は違っていた。

第一回が一九二〇年という長い歴史を有する箱根駅伝は、よく知られているように読売新聞社が深く関わった大会である。系列関係から言えば、日本テレビが中継するのが自然の流れだ。

ところが、一九七〇年代になっても日本テレビでは放送していなかった。理由は、箱根駅伝の名物でもある五区と六区の山上りと山下りの中継の技術上の難しさであった。

陸上のロードレースとしては、一九六四年の東京オリンピックの際に、NHKが初めてマラソンの生中継を成功させていた。しかしそのパイオニアのNHKから見ても五区と六区の技術的ハードルは高く、中継は不可能と見られていたほどであった（前掲『東京12チャンネル運動部の情熱』、二一一ページ）。そんな折、前出の白石剛達が読売新聞社から箱根駅伝中継を打診されたのである。一九七八年のことであった（同書、二一〇頁）。

ただ、予算、人員、そして設備の不足は依然解消されてはおらず、東京12チャンネルにはマラソンや駅伝の中継に不可欠な自社ヘリコプターも中継車に電波を飛ばす追尾装置もなかった（同書、二一〇頁）。したがって、一九七九年一月三日の新春特番のなかで初めて放送された箱根駅伝の番組は、都心のゴール前の生中継だけになってしまった。翌一九八〇年も同様である。

しかしながら、ゴール前だけでは駅伝競技の面白さはやはり伝わらない。そう考えたスタッフは、一九八一年から本格的な放送に挑むことにした。とはいえ、全編生中継は技術的に難しい。そこでVTRを組み合わせながら、ゴール前以外のレースの様子を流すかたちがとられた。

その場合も、箱根の山中を走る五区と六区をどうするかが依然最大の懸案であった。そこで当時の担当ディレクター・田中元和は事前にコースをくまなく歩き、ついに一箇所だけ映像を送れるポイントを発見した。そこから往路の最後である五区のゴールや復路の最初である六区のスタートの場面のVTRを送る。そうすれば、レースのスタートやゴール、途中のハイライトシーンと併せてレース全体の流れを伝えられる（同書、二二三―二二四頁）。

こうして苦労と工夫を重ねた末に制作された一九八二年の箱根駅伝中継の視聴率は八・三パーセントを記録。翌一九八三年には一〇・三パーセントと二桁に乗り、さらに放送枠も一時間から二時間に拡大された一九八四年は、一三・五パーセントの高視聴率を挙げるに至った（同書、二二六頁）。

ところが、その成功が皮肉なことに裏目に出る。突然、日本テレビがテレビ東京に代わって一九八七年から放送することになったのである。先述の田中元和は、高視聴率を見て「なぜテレビ東京（略）にやれてウチにはできないんだ?という声が日本テレビの中であがっても不思議ではない」状況があったのだろうと推測する（同書、二二六頁）。

だがその一方で、田中はそれが「テレビ東京の運命だった」とも述懐する。「テレビ東京の波（電波）は1波プラス予備の1波しかない。でも、日本テレビは全国に系列局があるので、その電波を箱根駅伝のために持ってくることが可能なわけです。そうすれば、一度に8波とかを使えるので生中継が可能になる」（同書、二一七頁）。

つまり、ネットワークの有無が最終的に決定的な差を生んだ。一九六九年に日本経済新聞の経営参加が決まり、一九七三年に株式会社化することで、東京12チャンネルは先行する他の在京民放局と同じ組織体制になった。だが肝心の番組づくりの面では、まだまだ開きがあった。その最大の理由のひとつがネットワークの未整備であった。

中川順の三つの構想

確かに、東京12チャンネルが東京のローカル局であることが良質なコンテンツの獲得につながったこともなかったわけではない。

長らく中止になっていた隅田川の花火大会が一九七八年に復活したとき、独占生中継したのは東京12チャンネルであった。当時NHKからは独占とすることにクレームもきたが、花火大会復活の計画段階から協力してきた〝地元局〟として東京12チャンネルが独占することができた（前掲『東京12チャンネルの挑戦』、八八―九〇頁）。それ以降、現在もテレビ東京が毎年独占中継していることは知られる通りである。

しかし、ネットワークの未整備が不利に働くのは、箱根駅伝だけにとどまらない。まずそれによって他のテレビ局と比べて大きな差がつくのは報道であろう。

「はじめに」でもふれたが、なにか大きな出来事があったときにすぐに臨時特番を組んだり、中継したりすることができないのは、ネットワークが整っていないからにほかならない。

石光勝によれば、その穴を少しでも埋めるための窮余の策として力を入れたのが「ニュース速報」だった。「早く、それもできるだけ多く」の方針のもと、ニュース速報をできるだけ数多く打つようになった。さらに視聴者の注意を引くために、速報の際には「ピン！」とか「ポン！」とかの音を入れるようにもした（前掲『テレビ番外地』、八四―八五頁）。

この方針を打ち出したのが、当時社長だった中川順である。前章でも書いたように日本経済新聞の出身である中川は、一九七五年一〇月に東京12チャンネルの社長に就任していた。

株式会社化し、一般総合局となった東京12チャンネルだが、旧来の赤字体質に加えてオイルショックの影響も重なり、大幅な赤字決算が続いていた。その結果従業員への給与支払いの遅延や分割も頻繁になり、いわば〝倒産同然〟の状況にあった。ただ、放送局は一般企業とは異なる許認可事業であり、公共性を帯びてもいる。簡単に倒産させるわけにもいかない。そこに経営立て直しの使命を帯びて社長に就任したのが中川であった。

考えた末に中川が累積赤字解消のためにとったのは減資、しかも七割減資という思い切った策だった。当時の資本金は三〇億円。そこから七割の二一億円を減資してそれを累積損失の償却に充てるという案である（中川順『秘史——日本経済を動かした実力者たち』講談社、一九九五年、二八九—二九二頁）。

日経からの天下りと映る中川に対し、当然社員の風当たりは強かった。たびたびストが決行され、「即刻日経へ帰れ」というシュプレヒコールがあがった。それに対し中川は、日経の取締役を辞任し、組合に対して「クビは切らない」「ハシゴははずさない（労使交渉において中間職制の立場を尊重する）」「筋を通す」という三つの条項を提示し、収拾を図った（同書、二九三頁）。

結果的に、こうした中川の荒療治とも言える経営改善への努力は、黒字路線への転換となって数字に表れる。そして一九七八年度決算では三年連続の黒字業績となり、配当も実現した。ここにおいて中川は、東京12チャンネルの「再建完了」を宣言する（同書、二九三—二九四頁）。

ただし、これはいうまでもなく企業としてのスタートラインに立ったにすぎない。ここまで本章で見てきたように、もう一方で番組を制作し放送するというテレビ局の本業面での苦闘、一進一退はまだ続いていた。

そこで中川は、次のステップとして三つの構想を打ち出す。第一は社名変更、第二はネットワークの完成、第三は新社屋の建設。この三点の実現を目指すところから、テレビ東京の一九八〇年代は始まることになる。章を改めて見ていきたい。

3　「フジテレビの時代」と「テレ東」のニッチ狙い
――模索する一九八〇・九〇年代

「フジテレビの時代」と第二のスタート

一九八〇年代は、日本のテレビ史にとって特殊な時代である。

一九八〇年一月に始まった未曽有とも言える漫才ブーム。その推進役となったフジテレビが急速に台頭し、テレビ全体を牽引するようになる（澤田隆治『漫才ブームメモリアル』（レオ企画、一九八二年）などを参照）。

フジテレビは、漫才ブーム終息後もビートたけし、タモリ、明石家さんまのいわゆる「お笑いビッグ3」を中心にしたバラエティ路線を突き進み、『オレたちひょうきん族』（一九八一年放送開始）や『森田一義アワー 笑っていいとも！』（以下、『笑っていいとも！』と表記）（一九八二年放送開始）など数多くの人気番組を生み出した。視聴率的にも一九八二年に「年間視聴率三冠王」（ゴールデンタイム［一九時から二二時］、プライムタイム［一九時から二三時］、全日［六時から二四時］の三つの時間帯すべてについて一年間トータルで平均視聴率がトップになること）を獲得して以来、一九九三年まで一二年連続でその座を守った。まさに「フジテレビの時代」が到来したのである。

一九八〇年代が特殊というのは、フジテレビという一テレビ局が時代そのものを象徴するような存在になったことを指す。当然、各年代に視聴率の好調なテレビ局があるわけだが、それは基本的にテレビ業界のなかでのシェア争いの問題にすぎなかった。ところがこの時期、フジテレビが主体になって社会全体の雰囲気を作ってしまうような構図が出来上がった。それは、日本のテレビ史を振り返ってみても前例のないことだった（碓井広義も同じく「フジテレビの時代」という表現で、同様の指摘をしている。碓井広義『テレビが夢を見る日』集英社、一九九八年、三九頁）。

極論すれば、テレビが社会になったのである。テレビの外の現実社会においても、テレビで行われているバラエティ的コミュニケーションの作法に則って振る舞うことがひとつの〝常識〟のようになった。遊び気分が世を覆い、「ボケ」とか「ツッコミ」といった元々はお笑いの専門用語だった表現が、私たちの日常生活における共通のボキャブラリーになっていく。世の中が遊び志向になったことには一九八〇年代後半から一九九〇年代初頭のバブル景気の影響もあるだろうが、そうした現実の反映というよりは、むしろテレビが現実そのもののような顔をし始めた。それが「フジテレビの時代」だったとひとまず言えるだろう。

一方、ようやく慢性的な赤字体質から脱け出した東京12チャンネルは、前章の終わりでも述べたように一般総合局として〝第二のスタート〟を迎えようとしていた。当時の社長・中川順は、社名変更、ネットワークの完成、新社屋建設の三つの構想を掲げ、その実現に向けてひた走り始める。

ただ、その頃のテレビはと言えば、「フジテレビの時代」を迎え、遊び志向の果てのお祭り状態が続いていた。その空前と言っていい沸騰状況のなかで、ようやくスタートラインに立った東京12チャンネルは、開局時と同様その面でもやはり他局に大きく後れをとっていた。「三強一弱一番外地」の呼び名が一九八〇年代前半でも横行していたという石光勝の回想は前章でもふれた通りである。

しかし、だからこそ「テレ東らしさ」が本格的に生かせる状況になってきたとも言えた。テレビ界全体に遊び気分が横溢するなかで、アイデア勝負、企画力勝負の戦略的意義はより高まる。もちろん予算や人員の不足はそう簡単に解決できるものではない。だからアイデアや企画は、ますます隙間狙い、ニッチ狙いを徹底するしかなくなっていく。だがそうした模索のなかに、現在のテレビ東京のコアとなるような芽も育ち始める。それがテレビ東京の一九八〇年代、そして一九九〇年代だった。

では、具体的にテレビ東京は、どのような隙間を突いていったのか？　この章ではその点を詳しく見ていくことにしよう。

「テレビ東京」誕生と「12時間ドラマ」

東京12チャンネルが現在の「テレビ東京」へと局名を変更したのは一九八一年一〇月のことである。これに先立ち、懸案のネットワーク構築に向けた第一歩であるテレビ大阪への予備免許が前年の一九八〇年一〇月に交付されていた（株式会社テレビ東京・20年史編纂委員会編『テレビ東京20年史』テレビ東京、一九八四年、一六頁）。「テレビ東京」への社名変更は、そのテレビ大阪の開局に向けた準備と連動したものであった。

さらに開局二〇周年に当たる一九八四年に東京都港区虎ノ門の地で着工された新社屋は、翌一九八五年に完成する。スタジオの数は東京タワー下にあったときと同じ四つだが、一番広い第1スタジオで比べると四九五平米が六六〇平米になったように、ひと回り大きくなっていた。正式名称は「日経電波会館」である（株式会社テレビ東京30年史編纂委員会編『テレビ東京30年史』テレビ東京、一九九四年、九八、一〇六、一二六頁）。

こうして三つの構想の実現にいよいよ踏み出した社長・中川順は、局のイメージアップのため自ら番組を手がける場合もあった。そのひとつが、一九八〇年代のテレビ東京の看板番組にもなった正月の「12時間超ワイドドラマ」である。

発端は、一九七〇年代の終わりにさかのぼる。開局一五周年を翌年に控えた一九七八年秋、中川は「何かチャンネルナンバーの12を印象づけるような、思い切った番組をやりたい」と考え、12時間のワイド番組を局長会議の場で提案する。「12時間というのは視聴者の生理的限界を超えている」などの反対意見も出たが、結局一月二日の昼一二時から夜中の一二時まで一二時間のワイドドラマという「12」づくしの方向でアイデアが固まった（中川順『秘史――日本経済を動かした実力者たち』講談社、一九九五年、三一六―三一七頁。能村庸一『実録テレビ時代劇史』ちくま文庫、二〇一四年、三三八―三三九頁）。

ただ、一九七九年と一九八〇年については準備期間の不足もあり、既存の大作映画の放送になった。それでも一九七九年の『人間の條件』で五・八パーセントだった平均視聴率は翌一九八〇年の『宮本武蔵』では一二・五パーセントに跳ね上がり、一二時間オリジナルドラマの制作を後押しすることになる（前掲『秘史』、三一七頁）。

そして一九八一年、初のオリジナルドラマ『それからの武蔵』が萬屋錦之介主演で放送された。前年の同じ萬屋主演映画『宮本武蔵』の続編的意図がそこにはあり、それも功を奏してか視聴率は一三・七パーセントとさらに上昇し、一二時間ドラマは二〇〇〇年まで続く正月恒例の企画となった。明治以降の近代が舞台の作品も作られたが、基本は戦国時代や江戸時代などを舞台とする時代劇の枠として親しまれた。

すでに一九六〇年代から、テレビ東京（東京12チャンネル）には時代劇制作の蓄積があった。なかでも一九七〇年放送開始の『大江戸捜査網』は、一九八四年まで続くとともに、その後も新シリーズやスペシャル版が制作される看板時代劇となった。

この作品は、映画会社の日活との共同制作で始まった。日活は東映などと異なり現代劇中心の映画会社であった。そこで、時代劇制作にあたって思い切って現代劇のテイストを取り入れた。日本でも放送されたアメリカのFBI特別捜査官を主役にした海外ドラマ『アンタッチャブル』をヒントに、老中・松平定信直属の隠密同心グループが活躍する設定である。第一回のタイトルバックは、隠密同心を演じる五人が洋服姿でジープに乗って登場し、画面が切り替わるとセットもなにもかもが時代劇になるという斬新かつ象徴的なものだった（金子明雄『東京12チャンネルの挑戦』三一書房、一九九八年、一三八―一三九頁）。それに比べれば一二時間ドラマはより本格的な時代劇ではあったが、そうした経験で得た制作のノウハウが生かされた企画でもあった。

ただ、長時間時代劇は、この時期他局にもなかったわけではない。『それからの武蔵』と同じ一九八一年には、やはり正月二日から三夜連続で計七時間に及ぶ大型時代劇『関ケ原』（TBSテレビ系）が、また同じく三月から四月にかけては八夜連続で日米合作の『SHOGUN・将軍』（テレビ朝日系）が放送されている（伊豫田康弘ほか『テレビ史ハンドブック』自由國民社、一九九八年、一一六頁）。

この時期、各テレビ局が、キャスティングの豪華さなどとは別に大胆な番組編成によってスペシャル感を醸し出すようになった。いまではほとんど毎日のように長時間の特番が放送される時代になっているが、当時は通常の番組編成の枠を崩すこと自体がきわめて異例なことだったのである。この流れは、ゴールデンタイム初の三時間ドラマ『海は蘇る』（TBSテレビ系）が編成され、アメリカABC制作の人気ドラマ『ルーツ』が八夜連続でテレビ朝日において放送された一九七七年頃に顕在化したものだった（NHK放送文化研究所編『テレビ視聴の50年』日本放送出版協会、二〇〇三年、五三頁）。

その結果、テレビ局において時には個々の番組制作現場を上回るほどの発言力を編成部門が有するようになる。「編成の時代」が始まったのである。

テレビ東京（東京12チャンネル）も同様である。各局でサラリーマンや主婦向けの情報番組やワイドショーがずらりと並ぶ朝七時台から八時台に、あえて小中学生向けの情報番組『おはようスタジオ』（一九七九年放送開始）を制作したのも、「編成の時代」を背景にしていたと言えるだろう（前掲『東京12チャンネルの挑戦』、一八四―一八五頁）。

角度を変えて言えば、それはテレビ局自体のイメージ戦略の重要性が増すということである。各テレビ局は、番組のラインナップやその放送スケジュール、さらにはキャッチコピーやCMを通じてそれぞれの独自色を積極的に打ち出すようになった。

その先鞭をつけたと言えるのが、やはりフジテレビである。一九八〇年代前半には毎年「楽しくなければテレビじゃない」というキャッチフレーズを掲げ、局を挙げての「軽チャー」路線を推し進めた。それに対抗する日本テレビは、同じく一九八〇年代前半「おもしろまじめ」なる局としてのキャッチフレーズを掲げ、フジテレビがけん引するお笑い路線を意識しながらも真面目さを強調した。

日本一早いスポーツニュース

その対抗関係が如実に表れたのが、日本テレビの「24時間テレビ」（一九七八年開始）とフジテレビの「27時間テレビ」（一九八七年開始）である。

この両番組は、「編成の時代」におけるスペシャル編成の究極のかたちであると同時に、テレビ局のカラーの違いをよりくっきりと浮かび上がらせるものであった。深夜には笑いの要素を交えながらも基本は真面目なチャリティ番組である日本テレビ「24時間テレビ」に対し、フジテレビがとにかく笑いを前面に押し出した徹夜の「お祭り」として「27時間テレビ」を始めたのだった。

さらにそこには、日本テレビのNNN（Nippon News Network）に対するフジテレビのFNS（Fuji Network System）という全国ネットワーク同士の競い合いという側面もあった。それは、前章でもふれた在京キー局を中心にした全国のテレビ局の系列化がさらに進んだことの証しでもあった。逆に言えば、これからネットワーク構築を目指そうとするテレビ東京にとって、系列化された放送局のネットワークがすでに全国に網の目のように張り巡らされているなかで新たな全国的ネットワークを構築するのは、至難の業であった。

そこでテレビ東京がまず目指したのは、大都市圏のみを結ぶネットワークである。先述のテレビ大阪が一九八二年三月に、そして翌一九八三年九月にはテレビ愛知が開局。ここにおいて、テレビ東京は「メガTONネットワーク」の完成を宣言する。「メガTON」とは、「MEGALOPOLIS TOKYO-OSAKA-NAGOYA」からとったもので、「メガTONネットワーク」とは日本の三大都市圏である東京、大阪、名古屋を結ぶネットワークを意味している。それは、当時の全国人口の四八・〇パーセント、全国世帯数の五〇・二パーセントをカバーするものであり、経済規模の点を考えても「極めて効率の高いゴールデンネットワーク」とテレビ東京が自負するものであった（前掲『テレビ東京20年史』、一三頁。さらに一九八五年には岡山・香川をカバーするテレビせとうちも開局し、メガTONネットワークは〝小粒だが最強のネットワーク〟（前掲『テレビ東京25年史』、三〇頁）と謳われた。なお、現在はテレビ北海道（一九八九年開局）とTVQ九州放送（一九九一年開局）を含めた六局による「TXNネットワーク」（「TX」はテレビ東京のコールサイン「J

OTX」から来たもの）へと発展、名称変更している）。

ただやはり番組制作面を考えた場合、大都市圏中心のネットワークでは、たとえば報道面での不利は解消されない。ニュースになるような出来事は、全国各地域で起こり得るからである。

しかし、大都市圏中心であることがそれほど不利に働かないニュースの分野もあった。それはスポーツニュースである。

一九八〇年代のスポーツニュースにおいては、現在よりも圧倒的にプロ野球の比重が高かった。『プロ野球ニュース』（フジテレビ系、一九七六年放送開始。現在はCSで放送）というプロ野球の試合結果とその解説に特化した人気スポーツニュース番組が存在したことがそのことを端的に物語っている。そして当時プロ野球チームの本拠地は、現在とは異なりほぼ三大都市圏に集中していた。

一九八二年四月、テレビ東京では運動部を発展させるかたちで新たにスポーツ局が発足する。その初代局長となったのが、ここまで再三登場している白石剛達だった。その白石が最初の目標として掲げたもの、それがキー局で唯一自社制作していなかったスポーツニュース、しかも「日本一早いスポーツニュース」を放送することだった。そうして一九八三年四月に始まったのが、ネットワークの名を冠した『メガTONスポーツTODAY』（以下『スポーツTODAY』と表記）である。キャスターは、一九六四年の女子バレーボール「東洋の魔女」の東京五輪決勝実況でも名を知られていた元NHKのベテランスポーツアナの鈴木文彌だった（布施鋼治『東京12チャンネル運動部の情熱』集英社、二〇一二年、二二一頁）。

当時、最も早かったのはNHK『スポーツアワー』で二二時四五分から。『スポーツTODAY』はそれより一五分早い二二時三〇分スタートである。その効果はあったようで、NHKに対して「なんでテレビ東京より早く始めないんだ？」という苦情の電話が多くあったという話もテレビ東京のスタッフの耳に伝わってきた（同書、二二二頁）。

とはいえ、問題もなかったわけではない。

まず、野球はサッカーなどと違っておおよその試合終了時間が予測できない。場合によっては延長戦ということもある。二二時三〇分というスタート時刻は、試合後の取材やVTR編集のことも考えるとまさにぎりぎりの設定だった。

もうひとつは、ネットワークがカバーする地域以外での試合の扱いである。たとえば、広島カープの本拠地である広島で試合があった場合、その映像をどうやって東京まで送るのか。しかも当初は当時の本拠地である広島市民球場の記者クラブに専用電話を置くことすら認められず、公衆電話で東京とやりとりすることを余儀なくされた。結局映像は広島市内の電電公社の無線中継所までバイク便で運び、そこからマイクロ回線で送った（同書、二二四―二二五頁）。

ニッチとしての経済ニュース――『ワールドビジネスサテライト』始まる

この「日本一早いスポーツニュース」にしても、またその前にふれた「12時間ドラマ」にしても、それらはいわば番組編成面でのニッチ狙いの産物であった。他局に対抗し、テレビ局としての存在感を示すためにそれらの番組は企画された。

ただし、そうした「早さ」や「長さ」には一定の限界がある。実際、一九八五年一〇月から二二時にスタートする『ニュースステーション』（テレビ朝日系）が始まり、『スポーツTODAY』は「日本一早いスポーツニュース」という看板を下ろさなければならなくなった。また「12時間ドラマ」も確かにドラマとしてはまれな長さだが、「24時間テレビ」や「27時間テレビ」が全国ネットワーク総動員で生み出すお祭り感と比べるとどうしても目立たない。やはりここでもネットワーク規模の差に象徴される後発局ゆえの悲哀が顔をのぞかせている。

しかし、局としての独自性をあまり編成面に頼らずニュースの分野で発揮する道がないわけではない。それは、経済ニュースである。日本経済新聞との系列関係を生かす意味でも理にかなっている。

それまで経済は、政治やスポーツなどに比べてテレビに向かないものとして敬遠される傾向があった。経済とは数字だからである。それがどのようなものであるにせよ、たとえば株価の変動のような数字を映像で上手く表現することは難しい。

とはいえ、テレビ東京では一九八〇年代以前から経済ニュースを伝える番組は作られ、放送されていた。日本経済新聞が経営参加した一九七〇年には、月曜から土曜までの一五分間の帯番組『株式ロビー』が始まった。株式市場の前場の終値を伝えるだけのシンプルなものだったが、「民放テレビの市況情報の走り」であった（石光勝『テレビ番外地——東京12チャンネルの奇跡』新潮新書、二〇〇八年、八九頁）。

一般総合局になった直後の一九七四年には、『株式ロビー』を発展させた『スタジオ9』という番組が誕生する。技術的には東京証券取引所とオンラインで結び、市況の動きをリアルタイムで反映できるようになった（同書、九〇頁）。

そして社名が「テレビ東京」になった一九八一年には、サラリーマン向けの経済情報番組『ビジネスマン・ニュース』がスタートする。放送時間は朝の六時半から。その時間には、直前に引けたニューヨークの相場が確認できる（同書、九〇頁）。現在放送されている朝五時四五分からの『News モーニングサテライト』の原型となった番組である。

こうした番組を下支えする取材網も強化された。一九八五年にはテレビ東京の報道部が新たに大蔵省、通産省、経済企画庁などの経済官庁、さらに郵政省の記者クラブに加入する（前掲『テレビ東京25年史』、四二頁）。もちろん日本経済新聞の協力は得られるとは言え、これで自前の経済ニュース番組制作への足固めが進んだ。

そして一九八八年、いまも続く看板番組『ワールドビジネスサテライト』が始まった。当初の放送時間は夜一一時三〇分から四五分間。東京、ロンドン、ニューヨークを衛星中継で結んで世界の経済・市況情報を伝え、一般のニュースも経済の視点で切り取るスタイルは、政治の動向がどうしても中心になる従来のニュース番組とは一線を画す新鮮なものだった。さらに、初代の小池百合子をはじめとしてメインキャスターに女性を配するキャスティングもいっそう新鮮さを加える要素になっていた（前掲『テレビ番外地』、九一頁）。

いわばこの番組は、ニュースの分野でのニッチ狙いであった。それが成立したのは、ちょうど先ほどもふれた『ニュースステーション』の登場によって「報道番組は視聴率がとれない」という常識が覆され、かつてないほどニュース番組が注目されるジャンルになっていたこと、また世はまさにバブル景気真っ盛りで、企業や専門の投資家だけでなく一般視聴者のあいだにも株価などへの関心が高まっていたことなどがあるだろう。

ただ、経済の扱い方は根本的にはまだ株式や金融など経済にある程度詳しいひと向けの域を出ることはあまりなかった。それがもっとテレビ的な面白さを追求し、工夫を凝らされたものになるのは二〇〇〇年代以降のことである。

「日常」もエンタメになる——『クイズ地球まるかじり』と『出没!アド街ック天国』

しかしながら、「フジテレビの時代」とはなんと言ってもバラエティがテレビの中心を占めた時代であった。『ニュースステーション』のメインキャスターを務めた久米宏でさえ、自分の本質はキャスターではなく司会者であり、テレビについてほとんどのことをタモリ、ビートたけし、明石家さんまなどの芸人から学んだと語っている(久米宏『久米宏です。——ニュースステーションはザ・ベストテンだった』世界文化社、二〇一七年、二六二頁)。つまり、対極にあるような報道番組にも影響を及ぼすほど、テレビ全体がバラエティを基準にするようになっていたのである。

では、その頃のテレビ東京のバラエティはどのような状況だったのか?

まずひとつは、「日常」のエンタメ化にニッチな鉱脈が発見されたことがある。

その象徴的番組が、一九八三年一〇月から始まった『クイズ地球まるかじり』である。世界各国の「食」にスポットライトを当て、それをさまざまなかたちでクイズにして出題する。放送時間は水曜九時から。司会は桂文珍(初代は長門裕之)と酒井ゆきえが長らく務めた。

この番組、当初はそれほど期待されてはいなかった。いまのグルメ番組全盛のテレビからは想像もつかないことだが、「食」のみでゴールデンタイムに一時間の番組を作るなど前代未聞のことだったからである。ところが、この番組が、「正直なところおっかなびっくりでスタートしたら、なんと予想外に受けた」のである。最高で一八パーセントの視聴率を獲得し、一一年間続く長寿番組になった(前掲『テレビ番外地』、四八頁)。

食べることは日々の基本的な営みであり、とりわけ一九八〇年代のお笑い芸人を中心にした華やかな「お祭り」感を基調とする「フジテレビの時代」においては地味なテーマである。ところがその身近な日常性が逆に新鮮に映ったのである。外国人に納豆、梅干し、塩辛などを食べてもらい、「二度と口にしたくないもの」を当てるクイズや、一般人の家庭に出た食事の献立五品のうち二番目と三番目に食べたものを当てるクイズなどは、食文化の多様性にも絡めつつまさに日常の「食」をエンタメ化したものであった。

また同じ意味合いを含んだ番組として、現在も土曜のゴールデンタイムで続いている『出没!アド街ック天国』がある。

一九九五年四月開始のこの番組は、毎回ひとつの街が取り上げられ、その街にまつわる名所、名物、店、人物などがランキング形式で紹介される。その際、たとえば東京都と神奈川県を走る私鉄である京浜急行沿線の「青物横丁」のように全国的にはそれほど知られていない街にスポットライトが当たることも珍しくない。番組自身が掲げるように「地域密着系」のバラエティである。

テレビ東京には旅番組を得意とする伝統がある。ここにもスタジオ収録だと経費がかかるなどの裏事情はあるのだが（伊藤成人『テレ東流 ハンデを武器にする極意――〈番外地〉の逆襲』岩波書店、二〇一七年、五一―五二頁）、ただのんびりと旅をする様子を見せるスタイルは、テレ東らしいまったり感を醸し出す。その代表格は、一九八六年に始まった『いい旅・夢気分』だろう。毎回、芸能人が全国各地を訪れ、地元の名産に舌鼓を打ち、ゆったりと温泉に浸かる。ただこちらは基本的に有名観光地が多い。

『出没!アド街ック天国』にも旅番組的な側面はあって、箱根などメジャーな観光地が取り上げられるケースはそれなりにある。とはいえ、この番組が新鮮だったのは、やはり日常生活の場としての街が巧みにエンタメ化されていたからである。地元の人びとが普段買い物をしたり食事をしたりする〝わが街〟の情報がランキング化されることで、『クイズ地球まるかじり』にも似た親しみやすい娯楽性が生まれる。そこには、グルメ番組と並んで現在のバラエティの主流であり、テレビ東京の新たな得意ジャンルでもある街歩き番組に通じるものがある。そのあたりは、また次章でふれることにしたい。

「素人」が主役──『所ジョージのドバドバ大爆弾』の新しさ

もうひとつ、この時期のバラエティの注目ポイントは、「素人」の主役化である。

かつてを知るテレビ東京の関係者がよく自虐交じりに嘆くのは、テレビ東京の番組で人気者になったお笑い芸人がその後ギャラなどの諸事情で他局の番組に移ってしまうことである。ジェスチャーではなく絵で言葉を伝える伝達ゲーム「エスチャー」が評判だった『三波伸介の凸凹大学校』(一九七七年一〇月放送開始)のような大御所芸人による人気バラエティもなかったわけではないが、新進のお笑い芸人に関しては去られる側であることに甘んじるしかなかった。

たとえば、一九七六年に始まった『チャンネル泥棒!快感ギャグ番組!空飛ぶモンティ・パイソン』。イギリスのコメディアングループ、モンティ・パイソンの番組を輸入したものである。日本の笑いにはあまりないブラックユーモアや風刺、ナンセンスをふんだんに含んだ異色のお笑い番組だったが、日本版には独自制作のスタジオパートがあり、そこに出演していたのがタモリであった。「デビューから1年後くらいで、初のレギュラー番組でした」(前掲『テレビ東京30年史』、六五頁)と振り返るタモリは、後に代名詞にもなるデタラメ外国語を駆使したネタ「四か国語麻雀」をすでにここで披露したりしていた。

また「お笑いビッグ3」の残り二人も同じである。明石家さんまは東京進出直後に司会を務めた深夜番組『サタデーナイトショー』(一九八一年放送開始)で人気を博し、ビートたけしもトーク番組『気分はパラダイス』(一九八一年放送開始。ただしたけしの出演は一九八二年から)でホストを務めるなどしていた(前掲『テレビ番外地』、五三頁)。だがタモリも含め三人のテレビ東京の番組出演はその後途切れ、他局での活躍によってともに不動の地位を確立していった。

そうしたなかで、テレビ東京のバラエティにおいてはプロの芸人ではなく「素人」が次第に存在感を増していくことになる。

一九七九年一〇月、『所ジョージのドバドバ大爆弾』がスタート。持ち前の能天気な明るいキャラクターで頭角を現していた所は、これが初の番組MCであった。

ただ、この番組の主役は所ジョージではなく、毎回登場する一般の「素人」たちだった。出演する「素人」はペアになって歌やショートコントなど持ちネタを披露し、審査員五人がそれを二〇点満点で採点する。そのうえで番組が課すゲームをその場でクリアすれば、一点一万円の計算でその得点がそのまま賞金になるという仕組みだった。出場者のなかには、まだプロになる前のとんねるず、野沢直子、春風亭昇太もいた。後にとんねるずのテレビ東京初の冠特番『ハレバレとんねるず 略してテレとん』(二〇一二年放送)では、「ハレバレ大爆弾」としてリメイクもされた。

『所ジョージのドバドバ大爆弾』が新しかったのは、プロの芸人によるコントロールから「素人」を解放した点である。

テレビではちょうど同じ頃、お笑い芸人の萩本欽一が「素人」を積極的に起用したバラエティで人気を博していた。『欽ちゃんのドンとやってみよう!』(フジテレビ系、一九七五年放送開始)や『欽ちゃんのどこまでやるの⁉』(テレビ朝日系、一九七六年放送開始)といったそうした番組は、「素人」の意外性がもたらす面白さが支持されて軒並み高い視聴率を記録していた。

ただし、その場には萩本欽一という笑いのプロがいることが大前提になっていた。たとえば、萩本が父親役となって子ども役に扮した「素人」に巧みに話（ネタ）を振り、それによって意外性のある反応を引き出すというかたちでこれらの番組の笑いは成立していた。いわばプロが「素人」をコントロールしていたのである。

その構図は、漫才ブーム以降のフジテレビのバラエティにおいても同じである。たとえば、『オレたちひょうきん族』の「タケちゃんマン」には、自分の飼牛の「吉田君」を引き連れて登場する「吉田君のお父さん」という人気者の「素人」がいたが、そのネーミング自体がビートたけしによるものであり、たけしのツッコミなしにはその面白さは発揮されないものだった。

ところが、『所ジョージのドバドバ大爆弾』での所ジョージの立ち位置はそれとは本質的に異なる。司会の所は、彼一流の軽い芸風で出場者を盛り上げることに徹し、批評的な言葉は口にしない。それは審査員も基本的に同様である。出場者によって点数の差はあっても、先述のようにそれはそのまま賞金になる。そのシステム自体が、「素人」を笑いの主役と認めるものだった。

これはこの後の分析編で改めて詳しく論じたいと思うが、「素人」とは、プロフェッショナルに対するアマチュアという図式の隙間にいるニッチな存在である。つまり、アマチュアと「素人」はイコールの存在ではない。端的に言えば、技術的な巧拙や経験の有無の問題を超えてプロ以上の笑いを生み出す力を秘める（と考えられている）のがテレビにおける「素人」である。その萌芽が、『所ジョージのドバドバ大爆弾』にはあった。

『浅ヤン』のタブー破り

時代は進んで一九九〇年代、そうした「素人」をフィーチャーした番組が大きく花開くことになる。『浅草橋ヤング洋品店』、通称『浅ヤン』は、その代表的番組のひとつである。一九九二年にスタートしたこの番組は、プロデューサーとして携わった伊藤成人によれば、「普通の人の日常服のファッション番組」というコンセプトで始まった。バブル景気の余韻もまだあった当時、ファッション番組と言うと高級ブランドや流行りのブランドを取り上げるのが常だったが、あえてそれに逆らったのである（前掲『テレ東流 ハンデを武器にする極意』、三七頁）。そこにもニッチな狙いがあったわけである。

そうしたなか、番組に出演した有名ファッションデザイナー・中野裕通（ヒロミチ・ナカノ）のキャラクターの面白さが目に留まり、「ファッション水戸黄門」というコーナーが始まった。中野が水戸黄門よろしく身分を隠してどこにでもありそうな街中の洋品店を客として訪ね、その店主に最初はファッションセンスを手厳しくダメだしされるものの、最後は正体を明かして相手をアッと驚かせるというドッキリ企画である。現在もしばしば見られるこうした類の企画のパイオニア的なものと言えるだろう。

これが評判を呼び、芸能人でもないのに個性的なキャラクターが際立つその道の専門家を起用し、人気者にするのがこの番組お得意のパターンになった。なかでも盛り上がりを見せたのが、「中華大戦争」である。「ファッション水戸黄門」と同様の企画「お料理水戸黄門」で人気を得た中華料理の料理人・周富徳が、同じ料理人の金萬福らと料理対決を繰り広げる。

そこだけをとれば、同時期に人気番組となった『料理の鉄人』（フジテレビ系、一九九三年放送開始）と同じである。ただ「中華大戦争」の場合、勝敗はむしろ二の次で、一流料理人でありながら芸人顔負けの面白さを発揮する料理人たちのキャラクターにスポットライトが当てられた。特に金萬福は「料理修行」と称して逆さ吊りにされながらキャベツの千切りを披露したり、巨大な鍋を使った料理に挑んで最後は自らそのなかに落ちたりするなど体を張ったパフォーマンスで一躍人気者になった。

総合演出は伊藤輝夫、現在のテリー伊藤である。伊藤はすでに『天才・たけしの元気が出るテレビ!!』(日本テレビ系、一九八五年放送開始)でもヘビメタのミュージシャンやパンチパーマ軍団などユニークな「素人」をフィーチャーした企画で成功を収めていた。その演出コンセプトは、タブーを破ることである。「これはテレビに向いていないんじゃないか」、あるいは「テレビで放送してはいけないんじゃないか」、といったものをあえて番組にする。そこには世の偏見にとらわれないというコンセプトがあったが、それゆえ時には世間から非難を受けることにもなる。

実際、『浅ヤン』にもそうしたぎりぎりの線を突いた企画が多くあった。

たとえば、「ヒッピーはヤッピーになれるか」は、公園で暮らすホームレスの男性にオシャレなファッションをコーディネートしてその変貌ぶりを見せるコーナー。これは、人権意識の欠如を指摘する苦情が多く寄せられて中止になった。また「整形シンデレラ」は、美容整形手術を受けた女性本人が登場し、整形前の自らの写真を風船で空に飛ばして過去の自分と決別するコーナー。現在は美容整形をしたことを自ら明かす女性がテレビに出ることも増えているが、当時はそうした人たちをバラエティの企画に出すことはやはり大きな「タブー」であった。だが、そこにテリー伊藤をはじめ番組スタッフは挑んだわけである。

『開運!なんでも鑑定団』が醸し出した「テレ東らしさ」

こうしてテリー伊藤が先鞭をつけたとも言える「素人」のリアルな姿を見せる番組は、テレビバラエティの新たな潮流になっていく。「アポなし」企画で有名になった『進め！電波少年』（日本テレビ系、一九九二年放送開始）、初対面の男女が決まった筋書き通りに振る舞うことによって恋愛感情が生まれるかを実験する企画「未来日記」の『ウンナンのホントコ！』（TBSテレビ系、一九九八年放送開始）、不良の若者たちがボクシングのプロテストを受ける企画「ガチンコファイトクラブ」の『ガチンコ！』（TBSテレビ系、一九九九年放送開始）など。それらはドキュメンタリー的演出を特徴とするバラエティとして「ドキュメントバラエティ」と呼ばれた。

テレビ東京でも、「素人」がメインのドキュメントバラエティは制作された。一九九六年に特番として始まり、一九九八年にレギュラー化された『愛の貧乏脱出大作戦』である。

経営不振から借金を抱えているような飲食店の店主などが主人公。たとえばラーメン屋の店主ならその業界で有名な達人の下で厳しい修業をしてもらい、その努力や成果が認められれば番組が店舗のリフォーム代など再出発を支援する。「抜き打ちチェック」と称して司会のみのもんたが支援後の店を訪れ、昔に戻ってしまっている場合はみのが店主を叱る、という場面も放送されて話題を呼んだ。放送時間は月曜の夜九時。裏番組にはフジテレビのドラマ看板枠「月9」があったが、二桁視聴率を記録して人気番組になった（同書、四四頁）。

しかしながら、「テレ東らしさ」の核にあるひとつが番組から醸し出されるまったり感であるとすれば、同じリアルさでも「素人」をより過酷な状況に追い込むのではなく、「素人」の普段着の姿、ありのままの素の魅力を映し出すほうがよりテレ東らしいとも言えるだろう。

その意味でテレビ東京を代表する番組になったのが、一九九四年にスタートして現在も続く『開運！なんでも鑑定団』である。

一般視聴者が、家にある「お宝」を持参してプロの鑑定士に評価してもらう。ただそれだけの番組だが、意外な高額鑑定が飛び出す面白さもさることながら、その「お宝」を通して持ち主の人柄や人生、その品物に込めた強い思いがストレートに伝わってくるところが、ドキュメントバラエティ的でもある。初代プロデューサー・中尾哲郎によると、最初の段階では「単に骨董品に値段をつけるだけの企画」だった（同書、四二頁）。だがそれでは出演者は自ずと限られてくるし、番組も長続きしない。そこでたとえば子どもの頃に遊んだ玩具とか、そういう誰もが一度は手にしたことのあるものもすべて鑑定の対象にした。タイトル通り「なんでも鑑定」というコンセプトが固まったのである（同書、四三頁）。

その結果、常人には到底真似できないような特別なコレクターでなくとも番組に出演できるようになった。となると当然目利きのひとばかりではないので、自分では高価な物のつもりでも鑑定ではまったく無価値なものとわかって思わずがっかりしたりする。だがそこに「素人」の良さが表れた。番組の側がスタジオから出てさまざまな街に足を運び、地元の人びとがそれぞれ持ち寄った「お宝」の鑑定結果に一喜一憂するコーナー「出張！なんでも鑑定団」はその好例だ。

前出の中尾哲郎は言う。「タレントは演技でエモーションを表現しますが、素人さんの良さは、平静なフリしてビクビクしてたり、喜ぶときは喜ぶ。観る方も、値段がひどく安いと、同情しながらワハハと笑っちゃう。高いと、うちにもあるかもしれないと根拠のない期待が湧く」（同書、四三頁）。要するに、この場合の鑑定品は、出演する「素人」の素直な喜怒哀楽、そして同じ「素人」である視聴者の素直な反応を引き出すためのきっかけにすぎない。主役は鑑定品ではなく、「素人」のほうなのである。

また中尾は、番組が当たった背景には当時の時代状況があるとも指摘する。「バブル崩壊という背景があって、土地も株もグシャグシャにどんどん値が下がる。そんな時に茶の間に掛かっている掛け軸が起死回生になるかもしれないと、底が見えない経済状況にぴったりはまったんですね」(同書、四三頁)。

バブル崩壊は一九九一年の出来事。それは、出口の見えない経済の停滞状況、後に「失われた10年」、さらには「失われた20年」とさえ呼ばれることになる長い時代の始まりだった。『出張！なんでも鑑定団』は、その当時の視聴者の心情を見事にとらえていたのである。

「素人」の凄さを見せる——『TVチャンピオン』の登場

ただし、「素人」は低迷する時代にただ翻弄されるだけの弱い存在ではない。むしろそうした時代だからこそ、たくましくエネルギッシュな生き方が際立つ強い存在でもある。

そこで一九九〇年代に登場したのが、『所ジョージのドバドバ大爆弾』の系譜を正統に継ぐような「素人」の凄さを前面に打ち出した番組である。実は「素人」は、それぞれの職業や趣味の世界において門外漢には想像もつかない凄い技や能力を身につけている。その隠れた実力をテレビで存分に見せてもらおうというコンセプトの番組がもう一方で支持されるようになるのである。

たとえば、一九九七年に始まった『たけしの誰でもピカソ』の「アートバトル」などはそのひとつだ。芸術と言えば、美大を出たひととか特別な才能を持ったひとの領域だという〝常識〟は根強い。しかしこの番組では、司会を務めたビートたけしの「人は誰でもアーチストだよ」という言葉をヒントに「素人」が自らの作品を持ち寄って点数で競い合う「アートバトル」のコーナーを企画し、それが人気となった(同書、四五頁)。

登場する「バトラー」は実に多種多様だ。美大生や美大出身のアーチストの卵も当然いるが、一方で普通の主婦や学生、子どももいればお年寄りもいる。披露される作品も絵画や彫刻はもちろん、舞踏などのパフォーマンスもあれば、ユニークな発明品のようなものもある。出来栄えもさまざまで、一見しただけで圧倒されるようなものもあれば、なんとも形容しがたい不思議なものもある。まさしく「誰でもアーチスト」のコンセプトを体現していた。

とはいえ、この「アートバトル」の場合、コーナーの性質上、特別な才能を認められたいという出演者がほとんどだ。それではどうしても出演者は限られてしまう。

その点、日常のありのままの姿の延長線上に幅広く「素人」の凄さを見せてくれたのが、「はじめに」でもふれた『TVチャンピオン』であった。スタートは、『浅ヤン』と同じ一九九二年である。

番組誕生のきっかけは「大食い」だった。立ち上げ時のディレクターで後にプロデューサーになった太田哲夫は述懐する。「人間はどのくらい食えるのか、という素朴な疑問から始まった日曜ビッグ（引用者注：一九七六年から二〇〇二年まで放送されたゴールデンタイムの特別番組枠「日曜ビッグスペシャル」のこと）の『大食い選手権』が当たり、（略）番組を立ち上げました。世の中見渡してみて、やっぱり一般の人の方が技であったりキャリアであったり、多岐にわたっているじゃないですか。趣味的なものも含めて個人が持ってる能力と、職人としての技の頂点という、二本柱で企画を考えていきました」（同書、四一頁）。

番組の代名詞にもなった「大食い」は、まさにそんな〝一般の人〟の凄さをまざまざと見せつけるものだった。

この企画で有名になった人たちのなかに、誰一人としてプロレスラーや大相撲の力士のようないかにも大食そうなひとはいない。後にホットドッグ早食い選手権で世界一になる小林尊やこの番組がきっかけでタレントになるギャル曽根などは典型的だ。普通の体型をした、見た目はどこにでもいそうな参加者が、しかも高級食ではなくラーメンやカレーのような誰もが普段食べているなじみの料理を次々に平らげる。その食べっぷりは〝超人的〟だが、私たちの日常の食生活の延長線上にあるものだ。

その構図は他の企画にも共通している。

私たちの多くは、なんらかの趣味を持っている。するとその分野について、好きが高じていつの間にか詳しくなって蘊蓄のひとつも傾けたくなる。そんな経験が多少なりとも誰にもあるはずだ。「全国魚通選手権」で優勝し、その後テレビタレントとしても活躍するようになったさかなクンの知識は圧倒的だ。しかしそれもまた、好きなことに夢中になった結果という意味では、私たちの日常的経験から理解できる凄さと言えるだろう。

また番組のもうひとつの柱である職人技についても同様だ。

『TVチャンピオン』の記録した最高視聴率は、一九九三年一〇月二一日放送「全国選抜和菓子職人選手権」の二〇・一パーセント。テレビ東京のバラエティ番組で二〇パーセント超えを達成したのは、目下のところ前出の『開運！なんでも鑑定団』（一九九六年六月一一日放送分）とこの番組だけである。

和菓子職人が生み出す和菓子は一種の芸術とも言えるだろう。繊細な色使いや手の込んだ細工のなかに季節の風物詩などが美しく表現され、見た目でも楽しむことができる。とはいえ、それは骨董品のように大事に保管されるものではなく、基本はやはり食べるためにあるものだ。その点、やはり日常生活のなかに彩りを添えることで意味を持つ技であり、『たけしの誰でもピカソ』の「アートバトル」とは一線を画す。

模倣される「テレ東」

こうした番組の登場によって、テレビ東京の視聴率にも上昇の兆しがあった。一九九〇年代前半時点のデータだが、ゴールデンタイムが七パーセント前後、全日が三パーセント台という数字は一九七〇年代から大きく変わってはいない。ところが、一九九二年度にはゴールデンタイムで平均一〇パーセントを獲得した週はこの年度だけで四度もあった。テレビ東京の歴史全体でそれまで三度しかなかったのを考えれば驚異的な数字である。この年は年間視聴率をはじめとしてあらゆる時間帯の最高記録を塗り替えた。

さらに翌一九九三年も、ゴールデンタイムの一〇月クール（一〇月からの三カ月）の平均視聴率が史上最高の九・三パーセントを記録するなどその勢いは続いた。ちなみにテレビ東京の歴代最高視聴率四八・一パーセントを記録したサッカーワールドカップ予選「日本－イラク」戦、いわゆる「ドーハの悲劇」が放送されたのも、同年一〇月二八日のことである（前掲『テレビ東京30年史』、一三四、一三八―一三九頁）。

そうしたなか、『TVチャンピオン』の「大食い」の〝類似企画〟などが他局に現れるようになった。しかし他局の「大食い」企画の多くは、演出をいたずらに凝った豪華なものにするか、参加者を極端にスター扱いするかしていた。あるいは、ルールを複雑にしたりしてシンプルな大食いではなくなっていた。つまり、「素人」の凄さを見せることに徹してはいなかった。その意味では、どこかずれてしまっていた。

ただいずれにしても、この追随現象は、ニッチを狙ってきた「テレ東」が逆に模倣される立場になりつつあったことを物語っている。

前に書いた『題名のない音楽会』や箱根駅伝中継のように番組そのものが他局に移ってしまうことはあった。しかしそれは、テレビ東京（東京12チャンネル）が抱える予算や人員の不足に起因するものだった。だが「大食い」の場合は、テレビ東京の企画やアイデアに他局が従った。その意味で、「フジテレビの時代」ならぬ「テレビ東京の時代」が徐々にではあるが兆していたのである。そしてその傾向は、二〇〇〇年代以降ますます目立ってくるようになる。その様子については、章を改めて述べることにしよう。

4 「テレ東」ブランドの確立
——躍進する二〇〇〇年代以降

二〇〇〇年代以降、テレビ東京はアイデア、企画のユニークさや面白さを広く世間に認知され、急速にブランドとしての価値を高めていった。それは、各ジャンルの番組に話題作やヒット作が生まれ、現在も続いている状況からも明らかだ。またその余勢を駆って、ジャンル横断的な試みや深夜帯の開拓など、さらに新たな領域を開拓しようとする姿勢も目立つ。歴史編最後となるこの章では、そうした「テレ東らしさ」の浸透と拡大の様子を見ていくことにしよう。

アニメのテレ東

テレビ東京と言えばアニメ。そんなイメージもあるかもしれない。

たとえば平日夕方の時間帯、他局が軒並み生放送のニュースワイド番組を放送するなかでテレビ東京は子ども向けのアニメを連日放送している。また深夜は深夜で大人にも見ごたえのあるアニメが数多く放送されている。なかには『銀魂』(第一期は二〇〇六年から放送)のように、夕方にも深夜にも放送されるようなオールマイティな人気作品もある。

こうした状況のきっかけは、一九八〇年代にさかのぼる。

『年忘れにっぽんの歌』の話のところでも登場してもらった金子明雄は、一九八二年末編成部長に就任した。となると、それまで携わってきたジャンル以外の番組にも等しく目を配らなければならない。だが、それはなかなか難しい注文だ。金子自身、なかでも子ども向け番組の見極めには難しさを感じていた（金子明雄『東京12チャンネルの挑戦』三一書房、一九九八年、一二一頁）。

そうした折、金子は知人宅で小学生の男の子から当時『少年ジャンプ』に連載中の漫画『キャプテン翼』の存在を教えられる。サッカー少年・大空翼が仲間との友情やライバルとの戦いのなかで成長し、世界に飛躍していく姿を描いた高橋陽一作の人気漫画である。原作を読んだ金子は、この作品のアニメ化を社内に提案する。だがすでに次クールのアニメ枠は他の作品に決まっていた。さらに「スポ根もの」が当時の流行ではなかったこともあり、編成部員は全員反対した。しかし金子は「失敗すれば私が責任をとる」と説得し、実現に漕ぎつけた（同書、一二二―一二五頁）。

その賭けは成功した。一九八三年四月から毎週木曜夜七時半に放送されたアニメ版は最高視聴率二一・二パーセントを記録しただけでなく、子どもたちのあいだに高いサッカー熱を生んだ。日本初のプロサッカーリーグであるJリーグの発足が一九九三年。そのとき選手たちの多くが、サッカーを始めたきっかけとして『キャプテン翼』の名を挙げた。また海外の有名サッカー選手のなかにも、スーパースターのメッシをはじめ海外版『キャプテン翼』を見て登場キャラに憧れたという例は事欠かない。

この『キャプテン翼』のように、アニメの人気作が海外に輸出されるケースは多い。それは、アニメが他のジャンルの番組とかなり異なる点である。実写ものと異なる表現の自由度の高さによって、アニメには文化や風習の違いを超えて受け入れられやすい面がある。角度を変えて言えば、アニメには視聴率だけでは測れないコンテンツとしてのメリットが大きいのである。

テレビ東京がアニメに力を入れるひとつの理由はそこにある。ここまで度々ふれてきた予算やネットワークの問題がアニメでは克服可能になるからである。

一九九七年四月には、任天堂の人気ゲームソフト『ポケットモンスター』のアニメ版が始まった。同年一二月に放送を見た子どもたちが体調不良を訴え病院に運ばれる出来事（「ポケモンショック」と呼ばれる。このとき子どもたちに起きたのは、激しい光の断続的点滅を見たことによる光過敏性発作であるとされる。それはアニメか実写かを問わず起こり得る症状であり、たとえば記者会見などで一斉にたかれるストロボによっても起こる危険性がある。現在、そうした際に「※フラッシュの点滅にご注意ください」などと画面にテロップが出されるようになったのは、「ポケモンショック」がきっかけだった）が発生するが、四カ月の休止期間を経て以降現在も夕方の時間帯で放送される長寿アニメになっている。

番組のプロデューサーである岩田圭介はこう語る。「ドラマも歌番も局のプロデューサーやディレクターがいて出来ますが、アニメーションだけは局では作ることができないコンテンツということがひとつ。どこの局も自社で作ることができないということは、どこの局がやってもかかる制作コストは同じ。歌番組に何千万円も美術にかけられる局と、ヤンヤン（引用者注：前出『ヤンヤン歌うスタジオ』のこと）みたいにかけられない局との差がまったくないことがもうひとつです。どこで作っても当時30分1本800万円ぐらいでした」（伊藤成人『テレ東流 ハンデを武器にする極意――〈番外地〉の逆襲』岩波書店、二〇一七年、六一頁）。つまり、アニメはその制作方式ゆえに他局とのあいだに存在する予算面の格差による影響をなくしてくれるものであった。

さらにアニメ特有のキャラクター人気が、テレビ東京のネットワーク面の不利を埋め合わせてくれる突破口になった。岩田は言う、「以前のアニメは、（略）あまり積極的にはテレビ東京を使ってはいませんでした。テレビ東京は全国ネットではないからです。（略）だったらアニメキャラクターそのものが人気になってどんどん広がればいいじゃないか、ピカチュウが勝手に人気者になって、日本のローカル局でもかけてくれて、海外でもピカチュウをかけたい、マーチャンやりたい、という人がいればピカチュウは大きくなってくれるだろうと」（同書、六四頁）。

そうして人気になったキャラクターは、莫大な商品化収入をもたらす。ピカチュウなど人気キャラクターをモチーフにしたグッズや玩具、ゲームソフトなどは、時には放送収入以上の利益を生み出す。「はじめに」でもふれた「テレ東だけアニメ」の状況が起こる歴史的背景はそこにもあったことになる。アニメコンテンツの多角的展開によるビジネスモデルは、予算やネットワークの面での不利を帳消しにしてさらにお釣りがくるようなものであった。夕方のアニメはニュース番組ができないための苦肉の策という部分もあったかもしれないが、他方でもっと積極的な意味合いを有するものでもあった。『ポケットモンスター』で確立されたこのモデルは、これもブームになった『妖怪ウォッチ』（二〇一四年放送開始）などでもその威力を発揮することになる。

「エヴァ現象」と深夜アニメ

一方、深夜アニメの定着は予想外の経緯をたどった。

一九九五年一〇月、アニメ『新世紀エヴァンゲリオン』（以下、『エヴァンゲリオン』と表記）が始まった。ジャンルとしてはロボットアニメ。『マジンガーZ』（フジテレビ系、一九七二年放送開始）や『機動戦士ガンダム』（テレビ朝日系、一九七九年放送開始）などと同様、人間が乗って操作する人型ロボットが敵と戦う物語である（厳密には「人造人間」と作中で説明されているが、ここでは広くロボットアニメに含まれるものとして扱う)。そこだけとれば子ども向けの要素も強く、実際放送時間は水曜の一八時半からの三〇分だった。『ポケットモンスター』とまったく同じ夕方の時間帯である。

しかしこの『エヴァンゲリオン』、アニメファンは別として放送当初はそれほど大きな話題にならなかった。ところが、深夜に再放送されるとファンが急速に増え、次々と研究本が出版され雑誌の特集が組まれるなど最終的にその人気は「エヴァ現象」と呼ばれ社会現象化するほどまでになる。

そもそもこの作品は、子ども向けとは言い難い謎めいた設定と全体の暗いトーンを特徴にしていた。物語の舞台は二〇一五年の日本。エヴァンゲリオンは「使徒」と呼ばれる敵と戦うのだが、まずこの「使徒」がなぜ主人公たちが暮らす第3新東京市を襲うのかは少なくとも最初のうちはまったく説明されず、謎である。そこに「人類補完計画」というこれまた謎めいた話が絡み、定番的な痛快ロボットアニメの対極にあるような複雑でこみいったストーリーが展開された。だがその難解さが視聴者の謎解きへの興味を刺激したのである。

さらに一般的な子ども向けアニメと違っていたのは、エヴァンゲリオンに乗る主人公が、よくあるヒーロー的な造形からかけ離れていたことである。

主人公の碇シンジは一四歳の少年。エヴァンゲリオンのパイロットになったのは自分の意思ではなく強制されてのもの。それを決めた作戦の責任者である実の父親とのあいだには、過去の経緯もあって大きなわだかまりがある。だがもう一方で同じ立場にあるパイロット仲間との交流のなかでパイロットとしての責任感も徐々に芽生える。その板挟みのなかでシンジはずっと悩み続ける存在であり、「逃げちゃダメだ」と彼が自分に言い聞かせる有名なシーンは、彼の抱える葛藤の深さを物語っている。

通常であれば、最終回はそうした物語になんらかの決着がついたものになるだろう。この『エヴァンゲリオン』であれば、いまふれたような数々の大きな謎が解き明かされ、対立する親子関係に決着がつくことを当然誰もが期待する。ところがその最終回は、完全にその期待を裏切るものだった。

最終回、物語は「使徒」や「人類補完計画」の意味といった大きな疑問に答えることなく、シンジの内面に深く入り込んでいく。他の登場人物とシンジのあいだで問答が交わされ、そこから現実とはかけ離れた平和な学園生活を送る自分の姿といったシンジの心象世界の描写が延々と繰り広げられる。そして最終的に「僕はここにいてもいいんだ」と思い至ったシンジは、登場人物たちから「おめでとう」と祝福される。

この唐突とも言える展開が、またさらに謎を呼んだ。そこに一九九七年二月から深夜での再放送が始まったのである。本放送での評判を聞きつけていた人びとが続々と視聴者に加わり、通常は二パーセントが合格とされる視聴率が、五～六パーセントに達した。当時、テレビ東京で営業担当としてこの作品に関わった東不可止は、この再放送をきっかけに深夜アニメは本格化したと振り返る（https://archive.is/20130501125002/http://mantan-web.jp/2011/10/16/20111015dog00m200019000c.html）。

テレビ東京は一九九六年にすでに、ビデオ収入による制作費回収を当て込んだビジネスモデルによる元祖的深夜アニメ『エルフを狩るモノたち』を放送していた（http://www.animeanime.biz/archives/7239）。そのモデルの成功を、『エヴァンゲリオン』の再放送が大きく後押ししたのである。実際、一九九六年から二〇〇〇年までの大半の期間において半分以上の深夜アニメがテレビ東京の放送という状況が現出する（http://www.animeanime.biz/archives/8024）。

こうして、アニメに深夜という新たなフロンティアが開拓された。同時に、アニメは大人も見て構わないものになる。複雑な設定・物語や登場人物の内面の掘り下げがアニメ作品においても当たり前のものになっていく。もちろんそれ以前から青年漫画誌が創刊されるなど漫画を成人になってからも読み続ける人びとは増えていた。その流れがアニメにも波及したのが『エヴァンゲリオン』という作品であり、大人の鑑賞にも耐え得る深夜アニメの活性化であったと言えるだろう。

またこの『エヴァンゲリオン』に関しては、時代背景も見逃せない。放送が始まった一九九五年は、戦後日本社会にとってひとつの重大な転機を感じさせる年だった。一月に阪神・淡路大震災、三月に地下鉄サリン事件と戦後史のなかでも大きな出来事が相次いだ。それらは、その数年前のバブル崩壊も相まって高度経済成長期に象徴される昭和の高揚感が終わり、世の中全般の停滞をいやがうえにも実感させるようなものだった。

『エヴァンゲリオン』の物語は、「セカンドインパクト」と呼ばれる地球への隕石衝突が原因とされる大規模の災害によって、世界の人口の半数に上る死者が出たというところから始まる。また先述したように「使徒」の攻撃の理由はよくわからない。

それらの点に阪神・淡路大震災や地下鉄サリン事件が社会にもたらした不安に通じるものを見て取るのは不自然なことではないはずだ。『エヴァンゲリオン』という作品から漂うある種の終末感は、一九九五年という時代の空気と無関係ではないだろう。そこに視聴者は、単なる謎解き的な興味以上に惹きつけられるものを感じたように思える。

深夜ドラマの冒険——「ドラマ24」

深夜というフロンティアの開拓は、アニメの分野にとどまらなかった。

「製作委員会方式」と呼ばれる作品の作られ方がある。複数の企業が出資して、作品の権利や利益を分け合う方式である。リスク分散のねらいもあるが、たとえば広告代理店や原作発売元の出版社が参加して宣伝に注力するというような分業化の促進というメリットもある。

一九八〇年代から映画の世界などですでにこうした方式は始まっていたが、テレビではやはり『エヴァンゲリオン』以降普及が進んだとされる。現在放送されているアニメを見ると、エンディングなどで「〇〇製作委員会」とクレジットが表示されるのを頻繁に目にするはずだ。

その流れのなかで、ドラマにも製作委員会方式が広がっていく。その代表例が二〇〇五年に創設されたテレビ東京の深夜ドラマ枠「ドラマ24」だ。現在まで五五作（二〇一九年五月現在）が放送されているが、『孤独のグルメ』（この作品については、「おわりに」で改めて詳しく取り上げる）など一部の例外を除き、そのほとんどが製作委員会方式である。この枠から生まれたヒット作も少なくなく、〝テレ東の深夜は面白い〟というイメージの浸透に大いに貢献したと言っていいだろう。

たとえば、同枠二〇作目の記念作として二〇一〇年に放送された同名人気漫画原作の『モテキ』はそんな作品のひとつだ。

森山未來演じる、三〇歳を目前にした恋愛下手の草食系男子が突然モテ始める。状況のあまりの変化に戸惑いつつもさまざまな女性との恋愛を経験していくなかで、不器用ながらも成長していく男性の姿が描かれるコメディである。ドラマへの評価も高く、映画化もされた。脚本・演出の大根仁は、この作品で一躍その名を世に知られるようになる。

深夜ドラマの場合、深夜という時間帯自体もそうだが、製作委員会方式によって後のＤＶＤ化による収入などが見込まれるためゴールデンタイムやプライムタイムほどには視聴率を意識しなくてもよい。それゆえ、題材なりキャスティングなり演出手法なりでかなり思い切った冒険ができる。言い方を換えれば、ニッチ狙いに有効な条件が整っている。

『モテキ』に関して言えば、音楽を使った演出手法がひとつそれに当たるだろう。

このドラマの見どころは、三十路手前男子の心情の面白さである。モテなかったときのトラウマや屈折はすぐにはなくならないので、急に女性に好意を持たれてもにわかには信じられず、主人公の男性の頭のなかはあらぬ疑念や妄想で一杯になる。その心象風景が随所に流れるさまざまなJ－POP曲の歌詞の内容とシンクロする。時には歌詞が画面に出てカラオケビデオのようになったり、森山のダンスの才を生かしたミュージカル調のシーンが突然挿入されたりもする。音楽ドラマとして成功した希有な作品であり、それは深夜ドラマだからこそできた大胆な演出と言える。

もう一作「ドラマ24」からは、「勇者ヨシヒコ」シリーズを挙げたい。カルト的なファンを生み、二〇一一年の第一作から始まって第三作まで制作される人気シリーズとなった。

この作品、まず有名ロールプレイングゲーム『ドラゴンクエスト』の世界を実写で再現しようというマニアックな発想が深夜ドラマならではのものである。主人公のヨシヒコに扮する山田孝之をはじめパーティの一行は、『ドラゴンクエスト』をプレイしたことのある人間なら一度は見たことのあるような衣装に身を包み、魔物と戦いながら旅を続ける。

とはいえ、作品全体としては真面目なトーンではなく、『ドラゴンクエスト』でおなじみの壺を割って武器やお金を手に入れる場面を再現してその家のひとに怒られてしまうシーンなど、パロディ、小ネタ、言葉遊びのオンパレードだ。それを山田はじめ出演者たちが大真面目に演じるところがさらに笑いを誘う。脚本・演出は福田雄一。この「勇者ヨシヒコ」シリーズでその手腕を認められた福田は、同じ「ドラマ24」枠の柳楽優弥主演『アオイホノオ』（二〇一四年放送）など次々とコメディの話題作を生んでいく。

また山田孝之も、このドラマをきっかけに活躍の場が広がったひとりだ。すでに俳優として演技の評価は高かったが、この「勇者ヨシヒコ」シリーズでどんなスタイルの作品にも見事にハマる〝カメレオン俳優〟として唯一無二のポジションを獲得した。そしてその存在感は、ニッチ狙いの極みとも言えるテレビ東京の深夜帯とこのうえなく相性の良いものであった。

それを実証したのが、二〇一五年放送の『山田孝之の東京都北区赤羽』である。

原作は清野とおるの『東京都北区赤羽』。清野が実際に暮らす赤羽の街に住む実在のユニークな人びとを活写したエッセイ漫画である。だが『山田孝之の東京都北区赤羽』はそのストレートなドラマ化ではない。山田孝之本人が赤羽に移り住んで、漫画に登場する赤羽の人びとと出会い、親しくなっていく。一方、山田は俳優として演技のリアリティとはなにかについて悩んでいる。この二つのラインが交わるなかで、話は進んでいく。

ドラマのようでもドキュメンタリーのようでもある。とはいえ、ドキュメンタリーであるはずのところもすべてが演出されたフェイクのようにも思える。そしてそう思い始めると、全編が壮大なコントのような気がして真面目な場面を見ても笑いがこみあげてくる。

放送された金曜二五時の枠は基本的にドラマ枠なのだが、この『山田孝之の東京都北区赤羽』は既成のジャンル分け自体を拒むようなものだった。山田孝之は、『山田孝之のカンヌ映画祭』（二〇一七年放送）でも今度は自らの映画製作を素材にして同様の手法による作品をつくり、すっかりテレビ東京の深夜帯を象徴するような存在になっていく。

深夜バラエティが引き出す芸人の底力――『ゴッドタン』

ただ、なんと言っても深夜と言えばバラエティが主流である。そこには、一九八〇年代の漫才ブーム以来お笑い芸人が若者の憧れの的になり、吉本興業のNSCなど芸人養成スクールが続々設立されたことで、若手お笑い芸人の数が格段に増えている事情がある。

そのなかで深夜枠では、若手芸人の〝お試し〟を兼ねつつ、あまり視聴率にとらわれない意欲的実験的な番組が作られるようになった。それは他のテレビ局にも当てはまることなのだが、特にニッチ狙いのアイデア勝負に一日の長のあるテレビ東京にとっては、まさに渡りに船の状況であった。

そのなかでも異彩を放ったのが、二〇〇五年に特番からスタートした『ゴッドタン～The God Tongue神の舌～』（以下、『ゴッドタン』と表記）である。

この番組の発案者であり、現在プロデューサー兼演出の佐久間宣行は一九九九年の入社。当時テレビ東京に対して佐久間が抱いていたイメージは「ご年配者向けの番組と、尖った番組が共存している変なテレビ局」というものだった（佐久間宣行『できないことはやりません――テレ東的開き直り仕事術』講談社、二〇一四年、三八頁）。

「尖った番組」の代表は、前述の『TVチャンピオン』と『ASAYAN』。特に『浅草橋ヤング洋品店』がリニューアルし、モーニング娘。などを輩出したオーディションコーナーと「畠山みどり借金返済計画」などの過激なリアリティショー企画の二本立てで始まった後者に入社当時の佐久間は憧れていた。

ところが『ASAYAN』は外部プロダクションによる制作であることを知り、断念。その後佐久間宣行は、当時テレビ東京では空白状態になっていた「直球ド真ん中の「お笑いバラエティー」番組」の自局制作に携わっていくことになる（同書、四〇頁）。

二〇〇〇年代に入ったこの時点においても、テレビ東京の後発局ゆえの制約は残っていた。大物芸人をキャスティングするだけのコネクションがない状況は変わっておらず、それゆえ必然的に若手芸人に頼らざるを得ない。佐久間は、「僕たちの世代は、何もない畑でつき合ってくれる芸人さんと一緒に始めるしかなかったのです。それはつまり、まだ売れていなくて若くて無名の芸人さん」と述懐する（同書、四九頁）。

また、『ロンドンハーツ』『アメトーーク！』（いずれもテレビ朝日系）、『めちゃ×2イケてるッ！』（フジテレビ系）、そしてテレビ東京の『やりすぎコージー』なども含めて、当時吉本興業所属の芸人が中心の人気バラエティ番組はあふれていた。そこで佐久間は、若手芸人のなかでも関東の芸人である劇団ひとり、おぎやはぎ、バナナマンらをメインに番組を作っていくことを決意する（同書、四九頁）。要するに、『ゴッドタン』とは芸人の世界におけるニッチを突き詰めるなかで実現した番組企画だった。

ただ、まだ無名に近い芸人をフィーチャーするからには、企画や演出の力でその芸人の持つ面白さを視聴者に知ってもらわなければならない。その結果、『ゴッドタン』では芸人を極限まで追い込むことでその底力を引き出すような企画や演出が多くなった。

たとえば、特番でまず始まり、後に番組の名物企画となった「キス我慢選手権」がそうである。さっきまで見ていたビデオに出演していたセクシー女優が突然芸人の目の前に現れ、キスをせがむ。それをいかにして芸人が最後まで我慢するか、というものである。

深夜ならではのきわどい企画だが、眼目はお色気シーンではない。佐久間によれば、「ポイントは〝腕〟のある芸人さんが追い込まれたときにどんな〝技〟を使って切り抜け、さらに笑いを組み立ててオチまで持っていくのか」（同書、六八頁）という点にあった。果たして初回に登場したバナナマンの日村勇紀、おぎやはぎの小木博明、劇団ひとりはそれぞれアドリブ力、演技力を発揮して企画は大成功。このときの評判が番組のレギュラー化につながっていった。

『モヤモヤさまぁ～ず2』と「ユルさ」の誕生

こうした芸人の底力を堪能するタイプのバラエティが生まれる一方で、「素人」の面白さを見せるタイプのバラエティも深夜に開発された。

「はじめに」のところでも登場してもらった伊藤隆行は一九九五年にテレビ東京に入社。ずっとバラエティ畑一筋で発想力豊か、そしてそのアイデアを実現する力にも恵まれている。まさに「テレ東らしさ」を体現するような人物である。

たとえば、二〇〇五年には『怒りオヤジ』という深夜バラエティを伊藤は手がけている。「夫婦そってパチスロ中毒」といった一般人の〝ダメ人間〟を芸能人が叱り、更生させられるかを対局形式で判定する。話の通じない「素人」に手を焼く芸能人という構図を見せる新しいタイプの視聴者参加番組である。

このときMCを務めていたのがお笑いコンビのさまぁ～ずだった。

伊藤隆行は、またさまぁ～ずの二人といつか番組をやりたいと思っていた。そして再びチャンスが巡ってきた。以前、さまぁ～ずの大竹一樹からやりたい企画として「歩きてーかなー」という言葉を聞いていた伊藤は、そこからさまぁ～ずが商店街を歩く画をイメージする。それは、「素人のイヤなおじさんが突然出てきたら二人でイヤな顔をして、逃げようとする大竹さん。それを「逃げんじゃねえよ！」

と制している三村さん」（伊藤隆行『伊藤Pのモヤモヤ仕事術』集英社新書、二〇一一年、九七―九八頁）というシーンだった。

一見なんということもないシーンのように思えるかもしれないが、そこには街歩き番組の前提を覆すような斬新な発想がある。

商店街や街中をぶらぶらする番組は一九九〇年代半ば以降、ぐんと増えた。たとえば、現在も続くNHK『鶴瓶の家族に乾杯』は一九九七年のスタートである。そしてそうした番組で出会う地元の人びとはたいがい、人当たりがよく親切な「いいひと」である。

だが現実にはそんなことはほとんどあり得ないだろう。機嫌が悪かったり無愛想であったり、少なくともどんなひとでもいつもニコニコしているとは限らない。テレビでは、多かれ少なかれ制作する側も出演する側もみな体裁を取り繕う。伊藤隆行が思い描いたイメージは、そうしたテレビ的な建前を突き崩し、ありのままを画面に映し出そうとするものだった。

そうして二〇〇七年、街歩きバラエティ『モヤモヤさまぁ～ず2』がスタートする。最初に訪れた街は北新宿。こうした番組で訪れるのならば、新宿が定番だ。だが、それだとテレビの振る舞い方を要領よく身につけている「いいひと」が多くなってしまうだろう。だからあえてテレビでは取り上げたことのないような街に行く。その街のありのままの日常が見えやすいからである。

実際、この番組に登場する地元の人びとは、テレビ的な常識など意に介することなく、自分たちの日常生活の常識に従って振る舞う。その結果、テレビの作法に慣れた人間から見れば、微妙なずれ、曰く言い難い違和感が生じる。

ただ、さまぁ～ずの二人は、その「モヤモヤ」感を既存のテレビの枠に収まるように矯正しようとはいっさいしない。それどころかその「モヤモヤ」感をまるごと受け止め、そのひととのやり取りのなかで膨らませ、増幅させようとさえする。すなわち、ツッコミもフリもせず、その場の空気に自ら同化しようとするのである。

たとえば、番組初期に名物となった北品川（これもまた北新宿と同じ意図でのチョイスである）の「井戸おやじ」。かつて下町にはよくあった路地の道端にある共用の井戸。それを見つけたさまぁ〜ずの二人が水を出して遊んでいると、突然井戸の前にある家の窓からひとりの男性が顔を出した。井戸のことを聞こうとするさまぁ〜ずだが、いくら話しかけてもその男性は「え？・」と聞き返す。その絶妙の間がなんともおかしく、さまぁ〜ずはその「え？・」聞きたさに意味なく同じような質問を繰り返す。

「ユルい」とは、その状況を指した表現にほかならない。「芸人」も「素人」もなく、視聴者も含めてすべてのひとがなにも特別なことは起こらない〝掛け値なしの日常〟の空気にただ浸った状態がもたらす心地よさの感覚、それが「ユルさ」である。

それは、「素人」の技能や能力の凄さを見せる『TVチャンピオン』ともまた違う「素人」の見せ方であった。『モヤモヤさまぁ〜ず2』は新しい街歩き番組というだけでなく新しい視聴者参加番組でもあり、その意味でも画期的なものだった。

二〇一〇年、人気を受けて『モヤモヤさまぁ〜ず2』は日曜夜ゴールデンタイムの放送になった。それ以降、訪日した外国人の滞在の様子に密着する『YOUは何しに日本へ？』（二〇一二年放送開始）や終電を逃がした一般人をタクシーで送る代わりに家を見せてもらう『家、ついて行ってイイですか？』（二〇一四年放送開始）など「素人」のありのままの姿を見せる同様のバラエティが人気を集め、テレビ東京の十八番的な地位を確立していく。この「素人」と「ユルさ」は現在のテレビ東京を語るうえで重要なポイントのひとつなので、次章でまた詳しく考察してみたい。

旅番組はエンタメになる――『ローカル路線バス乗り継ぎの旅』

テレ東ブランドの確立に貢献したジャンルとして、旅番組にもふれなければならないだろう。前述した『いい旅・夢気分』のようなオーソドックスな観光目的の旅番組がある一方で、独自のアイデアによってエンタメ性を追求した新しいタイプの旅番組が二〇〇〇年代以降次々と生み出されるようになる。

その先鞭をつけたと言えるのが、二〇〇三年放送開始の『田舎に泊まろう!』である。この番組で芸能人や有名人が訪れるのは、広く名の知られた観光地ではない。むしろその対極にあるようなどこにでもありそうな田舎の町や村である。その土地を訪れた芸能人や有名人は、一晩家に泊めてもらえないか地元のひとたちに交渉するところから始める。いわゆる「アポなし(事前の約束なし)」なので、なかなかうまくいかずに時間切れが迫ることも少なくない。実際、夜が来て時間切れになってしまった回もあった。

それでもようやく交渉が成立すると、その日の夕食から翌日帰るまでを出演者はその家の人たちとともに過ごすことになる。そのなかで家族構成やさまざまな話、時には過去の苦労話を聞いたり、「一宿一飯の恩義」として翌朝その家の仕事や家事を手伝ったりする。その随所で起こるほのぼのとした笑いや感動をとらえた旅バラエティである。

またいわゆる旅番組とはかなり趣が異なるユニークな番組として二〇〇八年に特番として始まり、二〇〇九年からレギュラー化した『空から日本を見てみよう』がある。

タイトル通り、毎回「東京湾をグルっと一周」や「山手線」など決まったテーマのもと、そのルートを空撮によってたどる映像がただ延々と続く。「雲が見ている」という設定で、「くもじい」（伊武雅刀）や「くもみ」（柳原可奈子）といった声のキャラクターはいるが、この番組に〝旅人〟はいない。

それだけでもユニークだが、それに加えオタク的と言ってもいいマニアックなこだわりが特徴的だった。上から見ると、地上からではわからないビルや家屋（主だったものにはテロップで建物名や施設名が出される）の形状、街の開けかたの違いがわかる。たとえば、区画の関係で三角形の土地に立った鉛筆型の建物が見えるとどういうひとがそこにいるかスタッフがわざわざ確かめに行き、さらに尖った部分の角度を実測してランキングを決める企画もあった。

そのように新しい旅番組が続々生まれるなかでアイコン的存在になったのが、二〇〇七年に始まった『ローカル路線バス乗り継ぎの旅』である。

三泊四日の日程で、路線バスだけを乗り継いで番組が決めた目的地に到達しなければならないルール。太川陽介と蛭子能収、そして毎回替わる「マドンナ」と呼ばれる女性ゲストの三人は、ひとから聞いた情報と地図だけを頼りに自分たちでルートを考え、ゴールを目指す。途中、路線バスがないところは歩かなければならない。それが時には数キロメートルにも及ぶ。当然、観光する余裕などほとんどない。

この番組の大きな魅力はまず、現実の旅をゲームにした面白さにある。路線バスそのものはその土地の人びとにとって日常利用する交通手段だが、それが県境をまたぎ乗り継いでいくとなるとたちまち複雑で予測の難しいゲームの仕掛けに変わる。実際、期限内に目的地に到達できず失敗という回も何回かあった。そのハラハラ感が人気の理由だろう。

もうひとつは、太川・蛭子コンビの好対照の魅力である。いつも地図をにらみながら最適なルートを思案する真面目な太川に対し、疲れると不平をこぼし、バスのなかでは居眠りをしてしまうマイペースの蛭子。少し空いた時間に好きなパチンコをしたり、食事のときにも地元の名物を頼まずどこにでもあるカツ丼やオムライスを頼んだりする姿に、視聴者は呆れつつもそのうち蛭子の〝空気を読まない〟行動を期待するようにさえなった。その得難いキャラクターは、ある意味『モヤモヤさまぁ〜ず2』のテレビの建前を気にしない「素人」に通じるものだろう。

当初一回だけで終わるはずだったこの『ローカル路線バス乗り継ぎの旅』は世間の評判を呼び、太川・蛭子コンビでの旅は第二五弾まで放送された。二〇一四年一月四日に放送された回では視聴率一三・〇パーセントを記録し、裏番組であるフジテレビの看板バラエティ『めちゃ×2イケてるッ!』の一二・二パーセントを上回り同時間帯トップを記録して大きなニュースにもなった。

派手に演出されたようなものではなくテレビ東京ならではのまったりした雰囲気をベースにきちんと残しながら、そこにオタク的視点、ゲーム性、キャスティングの妙など新たな要素を加味することで大きな成功を収めたのがこうした旅番組のジャンルだったと言えるだろう。

「経済ドキュメンタリー」という挑戦

テレビ東京ならではの持ち味を思い切ったかたちで展開させるという点では、二〇〇〇年代以降の報道・ドキュメンタリーも負けてはいない。むしろ、テレビ東京がいま最も力を入れている分野のひとつだろう。

二〇一八年に放送開始三〇周年を迎えた前述の『ワールドビジネスサテライト』はいまも健在であり、テレビ東京の報道番組の中心だ。二〇一四年三月からメインキャスターを務める大江麻理子はテレビ東京の局アナであり、先述の『モヤモヤさまぁ～ず2』の初代アシスタントを務めたことが飛躍のきっかけになった。その経歴からも、バラエティか報道かといったジャンルの境界はあってないようなものになっている。そのあたりのボーダーレスさも「テレ東らしさ」を感じさせる。

二〇〇〇年代以降は、キャスティングだけでなく番組そのもののレベルにおいてもそうしたジャンルの越境傾向が強まっていく。

二〇〇二年、『日経スペシャル ガイアの夜明け 時代を生きろ！闘い続ける人たち』（以下、『ガイアの夜明け』と表記）が始まった。「日経スペシャル」とあるように、この番組は日本経済新聞が全面協力し、スポンサーでもある。番組の立ち上げから関わった大久保直和は、あるとき同僚から「大久保さん、知ってました？ 今度、社運をかけた大型報道番組が始まるらしいですよ。NHKスペシャルならぬ日経スペシャル。テレビ東京が経済ドキュメントで勝負するんですって」と耳にする（大久保直和『テレ東のつくり方』日本経済新聞出版社、二〇一八年、一九頁）。それが『ガイアの夜明け』であった。

「経済ドキュメンタリー」は、まだ当時聞きなれない表現だった。もちろん経済番組とドキュメンタリーを組み合わせた言い方だが、前章で書いたように、経済の基本は数字であるがゆえにそれを映像化することには独特の難しさがある。それをこの『ガイアの夜明け』では、人物に密着したドキュメンタリーにすることで克服しようとしたのである。

人物密着ものと言うと、『情熱大陸』（TBSテレビ系）や『プロフェッショナル 仕事の流儀』（NHK）のようにしばしば有名人や話題の人物が登場するものを思い浮かべる。だが『ガイアの夜明け』では、多くの場合普通の会社員や自営業者など無名の人びとが主人公になる（野口雄史『「兆し」をとらえる――報道プロデューサーの先読み力』角川新書、二〇一六年、四二頁）。国際的規模で刻々変化する経済の大きなうねりのなかで、一般の人びとが困難や課題を抱えながらもどう生き抜こうとしているかを伝えることで視聴者も共感しやすくなる。また身近なところに視点を置くことで、なにかと複雑に見える経済の動きや仕組みも理解しやすくなる。

そんな強い意気込みで始まったものの、当初視聴率は苦戦した。一パーセント、二パーセント台の回も多く、放送一年目の平均視聴率は三・六パーセントだった（同書、三二頁）。夜一〇時台、プライムタイムの番組としてはかなり物足りない数字である。

ただ、そのなかで反響を呼び長期シリーズになった企画もあった。大久保直和がディレクターとして担当した「中国農村少女」シリーズである。番組開始間もない二〇〇二年五月の第一弾から二〇一二年まで一〇年にわたって計五回放送された。家族を助けるため都会に出て働く中国の貧しい農村部出身のひとりの少女に密着したものである。最終的に少女は工場の同僚と結婚し、母親になる。そこには戦後日本の高度経済成長期を彷彿とさせる部分もあり、視聴率も第二弾で番組として初めて五パーセントを超えるなど、番組の人気上昇に貢献した（前掲『テレ東のつくり方』、第1章および第3章）。

この『ガイアの夜明け』が定着したことをきっかけに、テレビ東京の夜一〇時台は「経済」の枠として拡大していく。

二〇〇六年には作家の村上龍、女優の小池栄子と企業の経営者のスタジオトークを交えたドキュメンタリー『日経スペシャル　カンブリア宮殿～村上龍の経済トークライブ～』（以下、『カンブリア宮殿』と表記）、二〇一一年には国際経済と日本経済の知られざる関わりや新たな動きをレポート、解説するドキュメンタリー『日経スペシャル　未来世紀ジパング～沸騰現場の経済学～』（以下、『未来世紀ジパング』と表記）が、それぞれ「日経スペシャル」第二弾および第三弾として始まった。さらに二〇一八年には、やはり夜一〇時台に「ドラマＢ・ｉｚ」（「おわりに」で詳述する）と題し、企業を舞台にした経済ドラマ専門の連続ドラマ枠が新設された。

夜一〇時台と言えば、他局はドラマやバラエティなどの娯楽番組が圧倒的に多いなか、経済関連の番組を並べる編成は大胆と言うしかない。一九八八年に『ワールドビジネスサテライト』が始まったとき「経済ニュース」自体がニッチな存在であったと書いたが、いまや番組ジャンルを超えて「経済」は、テレビ東京の看板になりつつある。

受け継がれる「テレ東らしさ」――「池上彰の選挙ライブ」シリーズ

こうしたいわゆる「お堅い」分野におけるニッチな手法が際立った成果を挙げているケースもある。「池上彰の選挙ライブ」シリーズである。

経済ドキュメンタリー路線の一環である『経済ドキュメンタリードラマ ルビコンの決断』（二〇〇九年から二〇一〇年まで放送）の解説・プレゼンターであった縁から、テレビ東京が元ＮＨＫの記者・キャスターで現在フリージャーナリストの池上彰を参議院選挙の選挙特番に起用したのが二〇一〇年七月のことだった。

それまで国政選挙の選挙特番では、「はじめに」のサッカーワールドカップ中継のところでも書いたように、ＮＨＫをはじめとする全国的ネットワークと取材網を持つテレビ局が伝統的に強く、その面で後れをとるテレビ東京は常に他局のはるか後塵を拝していた。そこにわかりやすい解説とジャーナリストらしい切り口で人気を博していた池上を起用して挽回を図ろうとしたのである。

結果は、予想を超えた成功だった。二〇一三年七月二一日放送の三回目の特番『ＴＸＮ選挙ＳＰ　池上彰の参院選ライブ』では民放で唯一一〇パーセントを超える視聴率を獲得し、他局を圧倒した。その後東京都知事選やアメリカ大統領選の特番も含め二〇一九年七月末現在計一一回同様の特番が組まれ、特に衆議院選挙や参議院選挙の選挙特番では近年民放で一、二を争う視聴率を記録するケースも多い。

この「池上彰の選挙ライブ」は、テレビ東京のニッチ狙いがバラエティのような娯楽番組や日本経済新聞のバックアップという元々のアドバンテージのある経済番組だけでなく、政治という新たな領域にも有効であることを証明した点で特筆される。

選挙特番で通常最も重視されるのは、いかに早く正確に「当選確実」を打てるかである。最近では、出口調査や事前の取材などに基づき正式な開票結果が出る前にいち早く各局が議席数予測を大々的に発表する。しかし、ネットワークや取材力の面で不利なテレビ東京は、その点ではまともに太刀打ちできない。

そこで同番組の統括プロデューサー・福田裕昭らスタッフは、「ならば違う情報を視聴者に伝えよう」と考えた。そこから生まれたのが話題にもなった「当確者プロフィール情報」である（福田裕昭・テレビ東京選挙特番チーム『池上無双――テレビ東京報道の「下剋上」』角川新書、二〇一六年、二二頁）。

選挙特番では、当選確実になった候補者が速報で画面の片隅に表示される。その際、「池上彰の選挙ライブ」では、所属政党、選挙区、役職や年齢などありがちなものだけでなく、「トップクラスの質問回数」といった政治活動での特記項目や「車庫入れが苦手」といったプライベートな、思わず頬が緩むような情報が併記される。たとえば、麻生太郎であれば「総理が恐れる〝失言癖〟」と並んで「洗礼名フランシスコ」といった具合である。池上彰は、「脱力するようなコメント」をスタッフに強く求めていたと言う（同書、二二三―二二五頁）。

さらに視聴者の話題を集めたのは、「池上無双」とも呼ばれた政治家へのインタビューである。選挙特番では、情勢が明らかになっていくなかで各番組キャスターによる各党代表者へのインタビューが行われるのが通例だ。生放送で持ち時間も限りがあるなかでなにをどのように聞き本音を引き出すかがキャスターの腕の見せどころになる。結局当たり障りのない通り一遍のやり取りになることも多い。

ところがこの番組の池上彰は、そうはならなかった。二〇一四年一二月一四日放送の『池上彰の総選挙ライブ』では、自民党圧勝を受けて集団的自衛権の行使や憲法改正について安倍首相の見解を問い質し、公明党と支持母体の創価学会の関係について公明党代表の見解を直接引き出すなど、視聴者が知りたくてもなかなか知り得なかった部分に切り込んだ。

池上彰自身の才覚によるところが多分にあるにせよ、ここにはあのテレビ東京社員であった田原総一朗の言う「三すくみの構造」（第1章参照）を思い出させるものがある。

田原は、民放テレビの根底には、番組をめぐって国家、スポンサー、視聴率の三つが複雑に絡んだ構造があると指摘していた。民放テレビは、この三つによってがんじがらめにされている。免許事業であることによる国家の管理、また番組一つひとつに存在するスポンサーの意向、そして視聴者の意思を示す指標である視聴率。

だが田原は同時に、「三重の縛りが相矛盾して、いや、その縛りを逆用することで、逆に矛盾をバネにしてけっこういろいろできるものなのである」と言ってもいた。国家、スポンサー、視聴率。この三者間の利害は同じではなく、しばしば衝突する。それぞれを個別に取り出せば制作者の自由を制限するようなものだが、三者間の関係を時と場合に応じて利用することによって、逆に自由なバイタリティにあふれた番組づくりができる。

「池上彰の選挙ライブ」は、まさにそれを実践した事例のひとつだろう。国家の行く末を左右する選挙結果そのものを扱う選挙特番はそれ自体が高揚感を伴うイベントであるため、政治家の本音を視聴者が聞ける可能性のある数少ないチャンスでもある。だからこそ、池上彰は徹底した視聴者目線に立ってタブー視される質問を遠慮なくぶつけたのである。それによって得られる視聴者の充足感は高い視聴率につながるだろう。その結果を材料に、スポンサーとの関係も良好に保つことができる。そしてそれらのことは、万一国からのプレッシャーがあったとしても、守ってくれる盾になるだろう。

開局記念日に奇想天外なSFドラマを企画・放送した田原総一朗にすでに兆していた「テレ東らしさ」は、こうしていまも受け継がれているのである。

分析編に向けて

ここまで一九六四年の開局以来のテレビ東京の歴史をたどってきた。その歴史は一言で言えば、後発局として出発したことからくる多難さをずっと抱えながらも、そこからアイデアや企画力を武器に日本のテレビ界で独自の地位、存在感を獲得していくプロセスだった。いまや「テレ東」はその攻めの姿勢により愛されるテレビ局の代表のような存在になった。また二〇一六年一一月からは、東京都港区六本木に完成した新社屋からの放送も始まっている。

ただ、よく言われることだがアイデアには著作権がない。「大食い」の話のところでもふれたが、テレビ東京から人気が出た企画が他局に真似をされることも時代とともに増えてきた。

そこにはアイデアを借用してもよいという業界の暗黙の了解があるように見える。それはまさに、「運命共同体」的な一蓮托生の関係を感じさせる。そのような構図は、テレビ業界に限らず戦後日本の高度経済成長を支えてきた護送船団方式的な仕組みがいまも続いていることを物語るのだろう。

しかしながら、テレビは製造業などではなく、娯楽や情報などのコンテンツを提供する産業だ。いうまでもなく、それを享受するのは視聴者である。視聴者にとってそのコンテンツから得られる新鮮味や楽しさ、感動が薄れれば、すぐに離れていってしまうだろう。

さらに昨今、インターネットの普及によってメディア状況全体が急激に変わりつつあるなかで、実際に「テレビ離れ」の指摘を頻繁に耳にするようになった。そのなかでテレビがどうするべきなのかは、差し迫った課題として浮上している。

テレビ東京は、後発局として背負った大きなハンデを跳ね返そうとテレビにまだなにができるのか、そのフロンティアを積極的に追求し、開拓してきた。その結果、最後方を走っていたはずが、いま述べたようなメディア状況の変化のなかでいつの間にかテレビ全体の期待を担うフロントランナーに躍り出た感がある。

しかし、その走りの原動力であるアイデアや企画がすぐに模倣される構造的ないたちごっこが繰り返されるようであれば、それはテレビそのものの首を自ら絞めることになってしまうのではなかろうか。続く後半の分析編、そして「おわりに」では、現在の時代状況やメディア状況を踏まえつつ、なぜいまテレビ東京が支持されるのか、そしてそのことはテレビというメディアの将来になにを示唆するのかについてより掘り下げて考察してみたい。

分析編

テレ東が愛されるワケ

5 「素人」と「ユルさ」
——「袖すり合うも他生の縁」の実践

「素人」と「ユルさ」。この二つが現在のテレビ東京の好調を支える要素であることは、ここまでの歴史編でも述べてきた通りだ。

しかしもう一方で、「素人」と「ユルさ」が前面に出てくるようになったのは、これも再三ふれてきたように後発局ゆえのやむを得ない選択でもあった。つまり、「素人」と「ユルさ」は予算、キャスティング、ネットワーク面などで他局に比べたときの不利を克服するための苦肉の策的な側面も少なからずある。ところが、それがあるときポジティブなものに反転したのである。

「素人」と「ユルさ」は同時に発見されたわけではない。「素人」については『所ジョージのドバドバ大爆弾』のような先駆的な番組はあったものの一九九〇年代に本格的に番組制作のコアになった。そしてそこに番組のモードとして「ユルさ」が二〇〇〇年代以降掛け合わされるかたちになったという流れである。ただいずれにしても、それらは平成という時代の産物であった。

そこにはなにがあったのだろうか？　この章では現代日本社会のコミュニケーション状況と照らし合わせながら、「素人」と「ユルさ」が私たちを惹きつける理由を考えてみたい。

なぜ、「素人」は特別なのか

「素人」が玄人（プロフェッショナル）と対になる意味での素人（アマチュア）とイコールではないということは、第3章の『所ジョージのドバドバ大爆弾』について書いたところでもふれた。その点をここでさらに詳しく掘り下げてみよう。

テレビバラエティにおいて「素人」という言葉が発せられるとき、そこには独特のニュアンスがある。一般的な意味では、素人は玄人と対になる言葉である。その場合、素人は玄人、すなわちその道の専門家やプロよりも当該分野において下位に位置づけられる。どんな職業や専門分野であれ、基本的に素人が玄人に勝ると考えられることはない。誰かを玄人と呼び得るには、十分な訓練や経験を経て相当の水準に達した知識や技芸が必要であり、素人はそのレベルにそう簡単に到達できるものではないと信じられているからである。

ところがテレビ、とりわけ笑いということになると、少し事情は異なってくる。

テレビの「素人」は、〝玄人（プロフェッショナル）／素人（アマチュア）〟の一般的分類からはみ出す存在であり、プロのお笑い芸人もかなわない面白さを秘めたものと思われている存在である。

確かに訓練や経験を積んだプロのお笑い芸人のほうが技術的には優れているし、狙い通りに他人を笑わせることもできる。実際、寄席やライブなどにおいてのお笑い芸人は、観客からそういう役割を果たしてくれるものとして期待されている。

だが一方で、テレビという場では「素人」にしか出せない面白さがあるという認識が確実に存在する。言い方を換えれば、「素人」は、玄人の下位にあるものではなくそれ自体で独立したカテゴリーを形づくっているのである。

とりわけ一九九〇年代以降、テレビ東京がそうした意味での「素人」をメインにした番組を制作して支持されてきたことは、前章まででも述べた。そのことはいまや、テレビ東京の制作側にも十分意識されている。その端的な例が、次に取り上げる番組だ。

二〇一六年一一月、テレビ東京は東京・六本木に新社屋を完成させ、それまでの神谷町から本社機能を移転した。それを記念した企画のひとつが、「テレ東世論調査〜こんな番組作りましたＷＥＥＫ〜」である。インターネットや街頭インタビューなどで寄せられた視聴者からの要望に基づいて、五つの特番を毎日深夜に放送するというものだった。

そのうちのひとつが、『バナナマンの探せ！街のオモシロさん‼ド素人×お笑い新感覚バラエティ』（二〇一六年一一月一六日放送）である。その名の通り、「素人」だけでどこまで笑いを生み出せるかを検証する内容で、商店街や公園にいる一般の人びとに声をかけ、大喜利や「箱の中身は何じゃろな？」（箱のなかに入っているものを手でさわるだけで当てるゲーム）などバラエティ番組の定番になっているものをその場でやってもらうというものだった。

ここでの眼目は、「素人」がプロの芸人とはまったく違う行動や反応を示し、それが逆に面白いというところである。

たとえば、「箱の中身は何じゃろな？」では、お笑い芸人の井手らっきょが箱の中に入っていて、「素人」が入れてきた手をペロッと舐める。これがもし芸人が手を入れたのであれば、舐められた瞬間に気持ち悪そうに叫び声を上げるのがお決まりのパターンだ。ところが「素人」は平然とさわり続け、箱の中身が明かされても状況がすぐには把握できずあまり動じない。しかしそのキョトンとした顔が逆に新鮮で、笑ってしまう。

出川哲朗が人気になる理由

この番組では他に、「素人」が熱湯風呂に入る企画もあった。銭湯帰りの一般人に声をかけ、すぐ近くの街中に用意してある熱湯風呂に入ってもらおうというものだ。

交渉の結果、八〇歳の男性が熱湯風呂に入ることになった。何度も足をつけて入ろうとするが、熱くて入れない。だが思い切って男性は、透明な湯船に身体を沈める。ところが男性は動かない。そしてじっと耐えるように、熱湯に身を委ね続けたのである。

プロの芸人にとっては、こうした際にもそれ相応のスキルがある。「リアクション芸」と呼ばれ、激辛料理を食べたり熱湯風呂に入ったりする際、「辛い」とか「熱い」といった反応を、大げさだが思わず笑ってしまうような身体表現で見せる芸である。この場面なら、「熱っ」などと必死の形相で叫び、お湯を派手にまき散らしながら湯船から飛び出て転げまわる、といった感じになるはずだ。

それを「芸」と呼ぶことに違和感を覚えるひともいるだろう。「辛い」や「熱い」という生理的反応に特別な訓練や経験は必要ないように思えるからである。しかしそこには、あらかじめカメラの位置を把握したうえで辛さに悶え苦しむ表情がきちんと映るようにしたり、本当はそれほど熱くない「熱湯」をいかにも熱そうに見せたりするためのノウハウがある。

ところがいま述べたように、「素人」はそうしたパターン化されたリアクションを無視して（あるいは知らずに）平気な顔をして激辛料理を食べたり、熱湯風呂に何事もないように浸かったりする。ただそれも、お笑いの常識を外したところに生まれる笑いとして逆に肯定的に評価される。いま紹介したような番組が作られること自体が、そうした評価が共有されていることの証しだろう。

そうしたなかで、そうした「素人」的な面白さに通じるような持ち味の芸人が人気を博する現象も生まれている。

いま述べたように、一見そうは思えないリアクションにもプロの芸人ならではの計算が存在する。しかしもう一方で、「辛さ」や「熱さ」の感覚は経験的に視聴者にもよくわかるものである。それゆえ、そうした仕事を真摯にこなすリアクション芸人が視聴者からの共感とある種の尊敬を獲得するという現象が起こる。

現在、そのような芸人を代表するのが出川哲朗である。

かつての出川は、女性雑誌『an・an』の「嫌いな男」ランキングで二〇〇一年から五年連続で一位になるなど、「嫌われる芸能人」の筆頭だった。ところが、二〇〇〇年代後半になったあたりから逆に好感度の高い芸能人へと世間の評価が一八〇度逆転する。リアクション芸は「格好悪い」ものではなく「頑張っている」証拠になったのである。

その出川哲朗が自分の名前をタイトルに冠したいわゆる「冠番組」をテレビで初めて持ったのは、テレビ東京であった。二〇一四年から二〇一五年にかけて放送された深夜トークバラエティ『出川哲朗のリアルガチ』がその番組である。

「リアルガチ」という、「リアル」と「ガチ」という同じ意味合いのワードを重ねた強調表現は、リアクション芸が演技を含んでいることを踏まえた出川の口癖だ。出川が本当に辛かったり熱かったりしたとき「これはリアクション芸的な演技ではない」ということを表現するために、こう口にする。そこには、出川独特の言語感覚とともに、彼が芸人のなかでもより「素人」に近い位置にいること、だからこそ視聴者にとって親近感のわく存在であることが図らずも示されている。

そうした「素人」との近さを、同じく出川の冠番組である『出川哲朗の充電させてもらえませんか?』を見るとき、私たちはまさに目の当たりにすることになる。

この番組、最初は深夜帯で始まったが、二〇一七年四月にレギュラー化され土曜夜八時台のゴールデンタイムの放送になった。二〇一八年七月一四日に放送された明石家さんま(歴史編でもふれたように長らくテレビ東京に出ていなかったさんまは、これが実に三四年ぶりのテレビ東京への出演だった)がゲストの回では視聴率一三・二パーセントと、他局の看板番組が並ぶなか同時間帯中一位の数字を記録してニュースにもなり、一躍テレビ東京の看板番組になった。

内容は、出川哲朗が毎回ゲストとともに決められた目的地に向かって電動バイクで旅をする姿に密着するバラエティである。前章でもふれたテレビ東京の十八番である旅バラエティのひとつだ。

電動バイクはフルに充電しても二〇キロしか走れないので、旅の途中沿道の民家や商店、ホテルなどでたびたび充電を頼まなければならない。「旅先の心優しき人にお願いしながら電動バイクで旅をする新たな人情すがり旅」(同番組公式HPより)とある通り、充電のお願いも含めて食事や宿泊先など随所で地元の人びととの交流が繰り広げられる。

とにかく驚くのは、行く先々での出川哲朗の人気ぶりだ。どこに行ってもその周りにはSNSなどでうわさを聞きつけてあっという間に人だかりができる。「出川~」「出川さ~ん」と声が掛かり、握手やサイン、写真撮影を求める人びとでごった返す。その層は性別や年齢を問わない。まさに老若男女である。そして出川もまた「まだ写真撮ってないひと~?」などと語りかけ、すべてのひとの要望に応える。

それを芸能人ならではのサービス精神と片づけるのは簡単だろう。しかしそこにはテレビで見ている憧れの存在に会ったというのとは異なる気安さが感じられる。言い方を換えれば、どちらが上でどちらが下というわけでもない対等な関係がそこにはある。テレビに出ている親戚のお兄ちゃんかおじさんにでも会ったような懐かしさを人びとは抱いているかのようだ。普通そうしたファンサービスの場面はカットするのが通常だろうが、そうせずに時間を割いて放送するところを見ると、制作側もそうした場面を番組にとって欠かせないものととらえているのだろう。

芸人と「素人」が等価になるとき

加えて出川哲朗には、天然の魅力もある。その点についてテレビでは、彼がプロの芸人にあるまじきミスを連発することに照らして「ポンコツ」と表現されることもある。芸人としての基本的な能力に怪しいところがあるというわけである。その点においても出川は「素人」に近い。

たとえば、芸人はしゃべる際に噛んではならない。「噛む」こと、すなわち言い間違えたり、言葉がつかえたりすることは、意図したオチとは違うポイントで笑いを誘ってしまう可能性があるからである。ところが出川哲朗は、よく噛む。むしろ噛まないほうが珍しいと言ってもいいほどだ。だがそれが唯一無二の個性にもなっている。

『出川哲朗の充電させてもらえませんか?』におけるテロップ(字幕)の使い方は、そのことを十二分に意識したものだ。普通、画面に映る人物が多少言い間違えても、テロップはそれをスムーズな〝正しい日本語〟にして表示される。だがこの番組では、出川が噛んだところも一言一句変えずにそのまますべて忠実に再現される。たとえば、旅の途中、公園で催されているお茶会で挨拶することになったときの言葉でも、「えー テレビ東京でやってる〝充でーんさせてもらえませんか?〟という ばいっ ばんあのっ バイク番組をやってたんですけどぉ」のように「ばいっばい」のような噛んだところも省略されず、実際に言ったそのままのテロップが出される。しかも「充でーん」のようなたどたどしいところなども、文字がわざわざ大きく表示される徹底ぶりだ（二〇一八年一二月二二日放送回）。

それをコミュニケーションとして見たときに最も興味深いのは、そうした噛む出川を見てもその場にいる一般の人びと、つまり「素人」は誰もツッコまないという点だ。地元の人びとはにこやかに見守っているだけで、「噛む」ことを変だと思っている様子もない。その状況は、『モヤモヤさまぁ～ず2』と同様にやはり「ユルい」。言い方を換えれば、それで十分にコミュニケーションは成立しているし、その場の空気は心地よい。

ただし『出川哲朗の充電させてもらえませんか？』では、芸人と「素人」の関係は逆転している。『モヤモヤさまぁ～ず2』では、芸人であるさまぁ～ずが、「素人」の醸し出す「ユルさ」にすかさず反応し、それをさらに増幅させるようにその場を持っていっていた。その臨機応変な振る舞いには、さまぁ～ずの芸人としての優れた力量が発揮されている。

笑いには呼吸や間《ま》が大切だとしばしば言われるが、それを心得ていない「素人」は、往々にして玄人が想定する呼吸や間からずれた反応をする。その意図せざるタイミングのずれが「ユルさ」である。だがそれは単なる〝失敗〟ではなく、むしろ玄人には起こせないタイプの笑いを生むものとしてポジティブにとらえられる。さまぁ～ずの「素人」に対してすぐにツッコまずにぎりぎりまで泳がせるような応対は、そのことを十分にわかったうえでのものだろう。

一方、出川哲朗に対する「素人」に当然そこまでの技量はない。だが一方で、プロの芸人なのだから軽妙な話術で笑わせてほしいという気持ちもすでにそこにはない。むしろ、噛み噛みになりながらも何事もないかのように話し続ける出川の「ポンコツ」だが一生懸命な姿を好ましそうに見守っている。出川のほうもまた、意図的に笑わせようとするでもなく、そして噛んだことを悔やむでもなくごく自然な態度で旅を続けていく。しかしその一部始終が「ユルく」面白い。

つまり、『モヤモヤさまぁ～ず2』ではまだ絶妙な間合いでの放置というかたちで残っていた「素人」に対するプロの芸人のコントロールが、『出川哲朗の充電させてもらえませんか？』では存在しなくなっている。だがそうかと言って、「素人」が芸人をいじろうとするわけでもない。そこでは、芸人と「素人」が紛れもなく等価なものになっている。

「ユルさ」という〝救い〟

なぜそうなるのか？　それは結局、「ユルさ」が芸の笑いではなくコミュニケーションの笑いだからである。

「ユルさ」は訓練や経験が物を言う芸の水準ではなく、その基底にある日常的コミュニケーションの水準に起こる笑いである。その水準においては芸人と「素人」のあいだに固定された上下関係を生むような絶対的な違いはない。そこでの「素人」に、芸の水準にあるようなハンディキャップは存在しない。

では、そうした日常的コミュニケーションのニッチを突いた笑いである「ユルさ」の笑いが、なぜ二〇〇〇年代以降支持されるようになったのか？

おそらくその背景には、現代日本社会のコミュニケーション状況がある。

そもそも日常のコミュニケーションにおいては、「完全な相互理解は可能である」というひとつの前提がある。「最初は話が通じなくとも最後はお互い一〇〇パーセントわかり合える」という前提のもと、〝完全な相互理解〟に向かって努力すべしという暗黙の了解がある。

職場での上司や同僚とのあいだ、あるいは学校における教師と生徒のあいだなど、確かにコミュニケーションを通じてできるだけノイズを排した共通理解を得ることが必要な場面は少なくない。しかし、それはビジネスや学習など一定の目的が共有されている場合においてのことだ。ところが、そのような限定的な場面で必要であったものが無条件に適用されるような目的と化してしまうと、〝完全な相互理解〟は反論できない一種の絶対的規範として世にまかり通ってしまうことになる。

平成の日本社会、特に二〇〇〇年代以降に起こっていることは、それに近い事態であるように思われる。それを物語るのが、たとえば「コミュ障」という言葉だろう。

「コミュ障」という表現は、他人とのコミュニケーションに強い苦手意識があるひとを指す言葉として、二〇一〇年代にネットを中心に広がった。以前であれば極度の人見知り、つまり数ある人間の性格のなかのひとつのタイプとして片づけられたであろう。それが現在は、医学的な裏付けとは無関係に〝障害〟という否定的なニュアンスを帯びた言い方で日常的に表現されるようになった（貴戸理恵『「コミュ障」の社会学』青土社、二〇一八年、二四頁）。

その背景には、コミュニケーション能力を意味する「コミュ力」を過剰なまでに重視する平成日本社会の空気がある。

ここでまず押さえておくべきなのは、「コミュ力」という言い方においては本来関係性の確認、それに伴う充足感の獲得のためのものであるはずのコミュニケーションが「能力」と規定され、個に帰属するものになっていることだ。その結果、コミュ力は個人の優劣を測る尺度として機能するようになる。たとえば、コミュ力の高いひとほど社会的に成功し、そうでないひとは成功できない、というように。

そこからもわかるように、コミュニケーションの能力化は社会における格差の存在と密接に関わるものである。

戦後の高度経済成長とともに醸成された「一億総中流」意識は、その時期が終わった後も長く私たちのなかにあった。一九八〇年代後半バブル景気が到来し、国民のあいだに資産格差が生じたときでも、自分の生活程度を「中」と答えたひとはまだ全体として九割程度いた。その数字は、一九九〇年代から二〇〇〇年代に入っても、大筋では変わらなかった（内閣府「国民生活に関する世論調査」による）。ただ一方で、生活の満足度を見るとその間に大きな変化があった。生活全般に「満足している」「まあ満足している」と答えるひとは、一九八四年には六割強だったのが、一九九九年には四割強にまで減っている（経済企画庁「国民生活選好度調査」による）。

これらの調査結果からは、一種の理想と現実の乖離、すなわち中流意識のなかにも生活の現実的不安が忍び寄っていった様子がうかがえる。こうして二〇〇〇年代に入ると「一億総中流」意識にも陰りが見え始め、やがて「勝ち組」「負け組」といった格差を表現するようなフレーズが流行し、さらに日常化するようになる。

同時にテレビにおいても、そうした格差の存在を踏まえた番組が人気を得た。

二〇〇一年に日本テレビで始まった『¥マネーの虎』は、その代表格と言っていいだろう。応募してきた一般人が人生の一発逆転を狙った事業計画をプレゼンし、その場にいる起業家の審査員が自腹で出資してくれるよう働きかける。「勝ち組」の審査員たちから事業計画の甘さを指摘され、結局出資額ゼロで終わることも少なくない。だが志願者たちも、自分の才覚でのし上がろうと必死にプレゼンをする。プレゼンとは、まさにコミュ力の優劣を競うものだ。そこもまた、コミュ力の戦いの場なのである。

「ユルさ」とは、こうして二〇〇〇年代以降日本社会において〝コミュ力信仰〟が進んでいく状況に対するある種の〝救い〟をもたらすものだったと言える。

なぜならそれは、すべてを誤解の余地なく効果的に伝えるだけがコミュニケーションではなく、空白部分を残したままなんとなくぼんやりと伝わるのもまた立派なコミュニケーションであることを思い起こさせてくれるからである。相手の意図を完璧に理解しなければならない決まりはない。むしろ前に取り上げたさまぁ～ずと「井戸おやじ」のやり取りのように、相手のことがよくわからないまま盛り上がるコミュニケーションもある。

笑いだけではない「ユルさ」

また、「ユルさ」のコミュニケーションは、笑って盛り上がるところだけに本領を発揮するわけではない。近年のテレビ東京の番組、特に「素人」を主役にした番組においては、「ユルさ」はコミュニケーション全般の作法になりつつある。

たとえば、『YOUは何しに日本へ？』にこんな外国人が登場したことがある（二〇一八年三月一二日放送回）。

成田国際空港でインタビューに応じた二九歳のスペイン人青年。訪日の目的は観光と仕事探しとのことだが、「もう後戻りはできないんだ」などふと口にする言葉の端々にどこか思いつめた様子がある。そこでディレクターが話を聞いてみると、実はどこに行くとも告げず家出をしてきたのだと彼は語り出す。理由は職場での人間関係や仕事のこと。特にこれと言った大きな出来事があったわけではなく、長いあいだに少しずついろいろなものが蓄積された結果、今回の行動に至ったらしい。元々アニメ好きで日本が好きだったこともあり、日本で永住するつもりでやって来たと言う。

ただ、そう簡単に異国で仕事が見つかるわけはない。一三万円あった手持ちのお金も少なくなってくる。両親や友人からは心配するメールが届いているが、いっさい返信はしていない。結局、スペイン人青年は、スタッフからの助言もあって家出から七日目にようやく両親に電話をする。父親、そして母親と一〇分間ほどだが話すことができ、少しホッとした表情の彼だった。

このときの放送ではここまでだったが、その後再度青年の様子が伝えられた（二〇一八年四月一六日放送回）。

家出一五日目となった彼はまだスペインには戻らず、当初宿泊していた友人宅からも出て、格安のホステルにいる。所持金も減って一一万円だが、相変わらず仕事は見つかっていない。さすがに見かねたスタッフが、日本で永住するにしても一度スペインに戻って準備してからのほうがいいと提案するも、彼はこの機会を逃すと一生自立できない気がすると言って首を縦に振らない。

そしてそれからさらに一五日が過ぎた家出三〇日目。髪を切り坊主頭にした青年は、スペインに帰ることを決断していた。就労ビザなしでの仕事探しは当然ながら困難で、所持金もわずか五二二円と限界に達していた。

だが帰国するには成田国際空港までは行かなければならない。そこで彼は、ホステルのある東京・両国から成田までの六二キロの道のりを歩くことに決める。ヒッチハイクや番組が宿泊場所を用意するという手もあるが、ここでも彼は自力でやり遂げたいと主張する。結局徹夜で歩いた彼の最終的な所持金は、途中食事をしたので五七円。だがなんとか成田にたどり着いた青年は、無事帰国の途に就いた。

その際、彼は番組スタッフに「君が僕を見つけて取材していなかったら……どうなっていたことか。君のおかげで僕はまだ生きているんだ」と感謝の言葉を残している。実際、頼る当てもなく衝動的に日本に来たことがうかがえる青年にとって、スタッフの存在はとても大きなものだったと想像できる。日本に到着したばかりの外国人に空港で声をかけるという番組おなじみのユニークなアイデアが思わぬ出会いをもたらしたことになる。

ただ改めて考えてみると、青年とスタッフの関係性にはちょっと不思議なものがある。スタッフは、家族や友人とは異なる。基本的には赤の他人である。仕事として彼に密着取材をしているにすぎない。ところがそのことが、スペイン人青年にとっては最後に語った言葉が物語るように生きる頼みの綱になった。

これもまた、「ユルい」人間関係のひとつのかたちと言えるだろう。取材するスタッフは、付きっ切りで青年の世話を焼くのでもなく、また青年を厳しく突き放すのでもなく、つかず離れず「ユルく」寄り添った。しかしだからこそ、人知れず悩みを抱えていた青年は、時間をかけて少しずつ頑なだったこころをほぐしていくことができたのではあるまいか。それはやはり、先述したように「ユルさ」が笑いだけでなく〝救い〟にもなることの証しであるように思われる。

「ユルい」人生との出会い

角度を変えて言えば、それは「ユルさ」が他者の存在、そして人生をありのまま肯定する面を持つということである。たとえば、『家、ついて行ってイイですか?』では、そうしてとらえられた「素人」の人生を私たちはたびたび覗き見ることができる。

最終電車を逃がしたひとに帰りのタクシー代を払う代わりに家を見せてもらうこの番組、自宅を紹介した「素人」の登場は一回限りが原則だが、なかには反響が大きく複数回登場するケースもある。

そのひとりが、東京・代々木に暮らす六八歳の男性である。東京・小岩で出会った男性の家にタクシーで行ってみると、そこは六〇坪あるという一戸建ての古い家屋だった。だがすでに両親など家族を亡くして身寄りもなくひとり暮らしという家のなかは、足の踏み場もないほどの乱雑ぶりである。

話を聞くと、男性は若い頃に体を壊し、二年ほど働いたあとはずっとなにもせずにいる。生活費は親の残した財産を取り崩しながら、一カ月大体五、六万円。食事は玄米に納豆、タマネギ、キュウリ、オレンジですませる。台所には捨てるのが面倒というその納豆の空容器がうずたかく積まれている。また他にも古新聞やもう見ていない埃をかぶったブラウン管テレビなどがそこら中に置かれている。出かけるのは好きな散歩をするときくらい。「申し訳ない人生ですよ」「「元祖引きこもり」みたいなもんだね」と男性は語る。

目を引くのは、大量にある哲学書、歴史書や小説などの書物だ。歴史や哲学が好きで大学で勉強したいと思ったが、受験に失敗したと言う。語る言葉の端々にもそうした読書を通じて得たことを思わせる教養が垣間見える。寂しくないかとディレクターが尋ねると、「ひとりで孤独で寂しくて心地がいいよ」という印象的な言い回しで男性は答えた。

この様子が放送されたのが二〇一七年四月三日だったが、同年一二月三〇日の三時間スペシャルの回で再び男性は登場した。年末にあたり、男性の家の大掃除をさせてもらおうという企画である。

古新聞が大量に置かれて出入りできなかった玄関の掃除から始まり、台所、トイレ、居間と次々にゴミが運び出され、徐々に綺麗になっていく。途中、小学生の頃につけていた日記、幼い頃の家族や友人とともに楽しそうに写っている写真が出てきて、当時の記憶を鮮明によみがえらせる男性。そして二日間かけてトラック二台分のゴミが運び出され、家のなかはすっかり見違えるようになった。

ただ、この場面を見ていて受ける印象は、よく夕方の情報番組であるような「ゴミ屋敷」の清掃から受けるものとはまったく異なる。「ゴミ屋敷」の掃除の場合、それは社会問題として扱われる。「ゴミ屋敷」の住人は、数あるよく似た事例のひとつにすぎない。そのひとの普段の生活、そしてたどってきた人生は、そうした番組でプライバシーの観点から顔にかかるモザイクのように見えない。

だがこの男性の家の掃除からは、世の中の多数派が選択しない道を選んだ（選ばざるを得なかった）人生の持つ不安と魅力が伝わる。

確かに「世の中から外れちゃった男だから」と自ら語る男性は、世間一般の物差しで測れば成功者とは決して言えないだろう。しかし「孤独で寂しくて心地がいい」と語る男性の言葉には、「勝ち組」か「負け組」かの違いを超えて人生の本質について深く考えさせるものがある。それは、その言葉が強がりでもなんでもなく、ありのままを言っているだけだということが、痩身の男性の穏やかな表情から伝わるからだろう。

そしてそのような言葉を引き出しているのは、ここでも男性の境遇に同情しすぎるわけでも冷淡すぎるわけでもないディレクターの絶妙な距離感である。

男性とディレクターのあいだには、いつしか二人だけの間合いが生まれている。たとえば掃除中、漫画雑誌の『ガロ』の古い号が出てくると、男性は「読む？」とディレクターに聞く。するとディレクターは変に遠慮するわけでもなく素直に借りる。また一日目の掃除が遅くまでかかり、男性が「泊まっていけばいいじゃない？」と言うと、ディレクターは「じゃちょっとお言葉に甘えて」とこれまた素直に応じるのだ。こうしたやり取りこそ、テレビ東京が培ってきた「ユルさ」の真骨頂と言っていいだろう。

テレビだからできるコミュニケーション

改めていうまでもないが、二人はこの番組のなかだけの知り合いだ。だが交わされる二人の言葉には、一種の信頼関係さえ感じられる。一度会っただけでここまでにはならないのでは、と考えるひとも少なくないだろう。だがディレクターの側からすれば、それだけで十分なのだ。

その独特の関係性は、次のような場面に象徴的に表れている。

掃除にかかった数十万円の費用をテレビ東京が全額負担してくれると聞いた男性は、「なんでそんなことするの？」と不思議そうに尋ねる。ある意味、当然の疑問だろう。するとディレクターは、「せっかく出会ったので」となんでもないことのように答える。つまり、ここまでする根拠は、たまたま小岩でディレクターが声をかけ、それに男性が応じたというその一点だけなのである。

もちろんそこに、バラエティ番組として使えるとても面白そうなキャラクターのひとを発見したので、という損得勘定がまったくないとは言えないだろう。だがもう一方で、「せっかく出会ったので」というディレクターの答えは、テレビをめぐるコミュニケーションの持つ本質的一面を物語るもののように思える。

ここでテレビが体現しているコミュニケーションは、いわば「袖すり合うも他生の縁」の実践である。外国から来た家出青年に一カ月付き合うことも、あるいは何十年分のゴミのたまったひとり暮らしの男性の家の掃除をすることも、基本的には頼まれてもいないお節介な行為だ。だがテレビにとっては、出会ったという事実だけで十分な動機になるのである。

当然、そうしたなかで視聴者が見る他者の人生は、その一瞬を切り取ったものでしかない。しかし、『YOUは何しに日本へ？』や『家、ついて行ってイイですか？』を見ていると、そんな見知らぬひとの人生の断片がとても深く印象に残る。

それはやはり、テレビ東京には番組制作の経験を通じて培われた「ユルさ」があるからである。「ユルさ」とは、「袖すり合うも他生の縁」の実践をぐっと濃縮して提示するための方法である。すでに述べたように、「ユルさ」のコミュニケーションにおいて、カメラのレンズがとらえる「素人」はそのひとの間合いで振る舞うことを許される。さまぁ〜ずのような芸人、そして『YOUは何しに日本へ？』や『家、ついて行ってイイですか？』の番組スタッフは、杓子定規にツッコんだり質問攻めにしたりするのではなく、そのひとのありのままの姿が熟して零れ落ちるのを自然体で待つ。先述の代々木の男性とディレクターの一連の会話は、まさにそのようなもののひとつだ。

もちろん他方で、そうして作られた番組が過剰に感動を押し付けるもの、いわゆる「感動ポルノ」であってはならない。視聴者も、自分の好きなように受け取って構わない。つまり、番組と視聴者のあいだの関係性もまた、「ユルい」ものであって構わない。

『家、ついて行ってイイですか？』には、そうした意味での「ユルさ」もある。

この番組では、MCのお笑いコンビ・おぎやはぎの矢作兼とビビる大木、そしてテレビ東京のアナウンサー・鷲見玲奈がVTRを見るスタイルで進んでいく。そこだけとれば、現在のテレビにありがちなかたちだ。

ところが、MCがVTRを見ているのはスタジオではない。街でたまたま交渉してOKしてくれた一般人の家庭である。MCの三人だけでなく、その家の人たちも一緒にVTRを見ていて感想を言う。一見感動的なVTRでも、「感動した」という必要はない。その自由な感じは、やはり「ユルさ」にあふれている。

テレビ東京の「素人」が主役の番組は、このようにして「ユルさ」を視聴者の側にも波及させていく。そしてそのとき私たち視聴者もまた、〝コミュ力信仰〟の社会のなかで感じる生きづらさへのささやかだが確かな〝救い〟を見出し、安堵するのである。

6 「深夜番組」人気
——オタク化する世界の地平

深夜番組の充実がテレビ東京の躍進に貢献したことに異論を挟むひとは、おそらくあまりいないはずだ。ここまでもふれてきたように、いまはゴールデンタイムで放送されているテレビ東京の看板番組も、元々は深夜番組だったケースは少なくない。

ただしそれはテレビ東京だけのことではなく、他局にも当てはまることだ。NHKさえも例外ではない。深夜バラエティで新しいアイデア、企画やまだそれほど知られていない芸人・タレントを試し、手ごたえをつかむ。また深夜ドラマなどでも思い切ったキャスティングや題材・企画で話題を呼ぶ。

その意味で深夜帯はテレビの実験場であると同時に、いまや最も活気のあるゾーンになった。見方を変えれば、テレビにおいてゴールデンタイム至上主義のヒエラルキーが崩れつつあると言ってもいいだろう。そこにはいま、なにが起こっているのだろうか？　この章では、テレビ東京の深夜番組を糸口にしながら、テレビ文化全般の置かれている現状について考えてみたい。

『やりすぎコージー』がたどった道

現在の深夜番組の活況を象徴する人物をひとり挙げろと言われれば、マツコ・デラックスの名が思い浮かぶ。

いま最も活躍するテレビタレントと言っても過言ではないマツコ・デラックスだが、自らがメインの番組のほとんどが夜一一時以降の深夜番組だ。ゴールデンタイムの冠番組である『マツコの知らない世界』（TBSテレビ系）も、元はと言えば深夜の三〇分番組だった。さかのぼれば、初の冠番組『マツコの部屋』（フジテレビ系、二〇〇九年放送開始）も深夜番組である。

そうしたなか、在京キー局のなかで唯一マツコのレギュラー番組のないのがテレビ東京である（二〇一九年九月現在）。二〇〇〇年代には何度かあるものの、長らくテレビ東京の番組には出演もしていなかった。そんなマツコが久々にテレビ東京に出演することで話題になったのが、二〇一八年五月一八日放送の『やりすぎ都市伝説SS 緊急！〝人類の未来年表〟は残り27年…』である。

同番組は、『やりすぎ都市伝説』のスピンオフ番組である。毎回、Mr.都市伝説 関暁夫など芸人やタレントが嘘か真実か定かではない「都市伝説」を持ち寄って披露し、それをめぐるトークが繰り広げられる。これに番組の大ファンだと言うマツコがゲスト出演したのである。

この『やりすぎ都市伝説』は実際ファンも多い人気コンテンツで、二〇〇七年から不定期ではあるがプライムタイムの特番として継続的に放送されてきている。だが元々は、同じテレビ東京の深夜バラエティ『やりすぎコージー』の一企画にすぎなかった。

『やりすぎコージー』は二〇〇五年四月、土曜深夜一時台の番組としてスタートした。司会はお笑い芸人の今田耕司と東野幸治。

番組の売りのひとつになったのは、土曜夜の深夜番組にふさわしいお色気企画である。

深夜番組と言えば一九六〇年代に始まった『11PM』（日本テレビ系、一九六五年放送開始）を思い出すまでもなく、お色気要素が付き物であった歴史がある。テレビ東京も、一九七〇年代の『独占!男の時間』や一九九〇年代の『ギルガメッシュないと』などお色気を盛り込んだ内容が特徴の人気番組を生んできた。両番組もやはり、土曜深夜の放送であった。

『やりすぎコージー』の場合、話題になったお色気企画は「モンロー祭り」である。現役のセクシー女優をマリリン・モンローにあやかって「モンロー女優」と称し、彼女たちと芸人が過激なコントを演じたり、彼女たちによる運動会を開催したりした。二〇〇〇年代に入り、深夜とは言えいわゆる「エロ」を放送するのが難しくなった状況にあって、この「モンロー祭り」には突出した存在感があった(同じくテレビ東京で、二〇〇八年には人気セクシー女優を中心に結成されたアイドルグループ・恵比寿マスカッツをフィーチャーした深夜バラエティ『おねがい!マスカット』も始まる)。

一方で、この番組では芸人にさまざまな視点、特にマニアックな視点からスポットライトが当てられ、それもまた番組の独自色になっていた。格闘技経験のある芸人同士が真剣勝負で競うトーナメントを開催したり、ダチョウ倶楽部・寺門ジモンの独特の哲学・人生観に基づく食生活やサバイバル術を面白おかしく紹介したりするなど、他のバラエティでは見られない芸人の隠された一面をクローズアップした。

都市伝説企画は、そのなかのひとつだった。芸人たちがとっておきのまことしやかな都市伝説を持ち寄り、ゲストや出演者の前で披露する。なかでも当時まだお笑い芸人である一方で都市伝説に並々ならぬ関心を持っていた関暁夫の話は群を抜いた情報量と話術の巧みさで、これをきっかけに彼は俄然注目されることになる。

二〇〇七年八月一七日、この都市伝説企画を独立させたかたちで『ウソかホントかわからない やりすぎ都市伝説 2時間SPECIAL』がゴールデンタイムの特番として放送された。その視聴率が一一・八パーセント。ゴールデンタイムの視聴率が二桁に乗ることがなかなかないテレビ東京にあっては特筆すべき数字であった。

そして二〇〇八年一〇月、その好成績が評価され、本体の『やりすぎコージー』のゴールデンタイム進出が決まる。放送枠は月曜夜九時。裏番組にはフジテレビの「月9」などもある激戦区である。ただ、都市伝説企画という人気コンテンツはあるものの、もう一方でこの番組を支えてきたお色気企画は時間帯を考えると難しくなった。実際、「モンロー祭り」などの企画はいつの間にかなくなり、深夜時代にあった「解放区」的魅力は薄れていく。その結果、都市伝説企画は特番のかたちで現在も続く一方、『やりすぎコージー』自体は二〇一一年九月に終了することになった。

「ゴールデン降格」と言われる時代

ここで思い出されるのは、ゴールデンタイム至上主義の崩壊を象徴するように、ネットなどで皮肉を込めて使われる「ゴールデン降格」という表現だ。

深夜で評判を集めている番組があったとする。するとテレビ局がその人気を当て込んでゴールデンタイム（夜七時から一〇時）やプライムタイム（夜七時から一一時）に放送時間を移動させる。本章の冒頭でもふれたように、最近のテレビではごく当たり前のように繰り返される現象だ。

普通ならゴールデン・プライムタイムはテレビを見ている世帯数も多い晴れ舞台であり、「昇格」として大いに喜ぶべきところである。ところが、深夜時代からの番組ファンにとってはむしろ不安材料しかなく、「降格」としか思えない。なぜなら、ゴールデン・プライムタイムに移ったとたんに番組の魅力が大きく減退してしまうことが経験上珍しくないからだ。「先鋭的だった内容がゴールデン・プライムタイムに移ったとたんに角がとれて丸くなる」「無名だが勢いのあるメインキャストがゴールデン・プライムタイム向けに無難な大物芸能人に交代する」などして、深夜番組ならではの「濃さ」がなくなってしまうのだ。

あるいは逆のパターンもある。それならば、ということで深夜時代の企画やテイストをそのまま変えずに貫いた結果、ゴールデン・プライムタイムの視聴者層に合わずすぐに苦戦を強いられる。そして結局、視聴率を最低限確保するため無難な企画へのリニューアルを余儀なくされ、もはや別物の番組になってしまう、といったケースだ。

こうした諸々のケースは、「ゴールデン降格」という表現が広まる以前から存在していた。

一九九〇年代前半、歴史編でもふれたように全盛期を迎えていたフジテレビは、深夜帯でも次々と意欲的で斬新な企画を立て、テレビ史に残る番組を生み出した。ただ単に深夜だからお色気などに走るのではなく、なかにはひねりを利かせたウィットに富む内容で若者の支持を得たものも少なくなかった。

その代表格が、『カノッサの屈辱』である。

一九九〇年に始まった同番組は、現代日本のポピュラーカルチャーや消費文化を歴史上の出来事になぞらえてパロディ風に解説する教養バラエティだった。たとえば、「律令ディスコ国家の成立と文化」と題して、ディスコの流行の歴史を律令国家の変遷になぞらえたり、「ニューミュージックと西太后の時代」では、ニューミュージックの祖・松任谷由実を中国の西太后に例えたり、といった具合である。その歴史の当てはめかたが見事なだけでなく、毎回冒頭には教授に扮した俳優の仲谷昇が案内役で登場し、図版なども実際の壁画や名画を巧みにコラージュするなどディテールも入念に作り込まれていた。

この『カノッサの屈辱』は深夜帯での放送のまま終了し、その使命を全うした。一方、深夜で話題になりプライムタイムに「昇格」したのが、一九九一年スタートのクイズ番組『カルトQ』である。

クイズ番組にはさまざまなスタイルがあるが、この『カルトQ』は知識を競う早押しクイズ。そこだけとれば、ゴールデンタイムなどでもよくある古典的な形式だ。しかし同番組は、競い合う知識の中身が他とはまるで違っていた。毎回テーマはひとつ。「ラーメン」「マッキントッシュ」「B級映画」「競馬」など、「科学」や「歴史」といった既存のクイズ番組によくある学校の教科的なテーマ設定よりもはるかに細分化されている。そのなかで、たとえば「競馬」であれば「オグリキャップの生涯着順を最初から順に挙げなさい」といった出題がなされる（カルトQ問題作成委員会編『カルトQ』フジテレビ出版、一九九二年、二〇三頁）。オグリキャップはかつての有名なアイドルホースだが、その数十戦に及ぶレースの着順をすべて暗記しているひとは、相当なマニアしかいないだろう。

一般常識や教科書的知識が問われるならば、視聴者も解答者と一緒に答えを考えられる。ところがこの『カルトQ』では、聞いてもまったくわからない答えを当たり前のように答える出場者にただただ呆れながら感心するしかなかった。しかしそれが、従来のクイズ番組では味わえない妙味となり、じわじわと話題を呼び人気番組になっていく。そして、一九九二年一〇月からは日曜夜一〇時三〇分に放送時間が変更となるのである。

だが従来のクイズ番組の常識を壊したこの番組に当時のプライムタイムでの放送は時期尚早だったと言えるだろう。ちなみに同枠の前番組は大物人気司会者の山城新伍と島田紳助がゲストを招いてのトーク番組『新伍&紳助のあぶない話』で、『カルトQ』とは真反対の従来のお茶の間向けのものだった。だがだからと言って、この番組の特質上深夜時代からの基本スタイルを変えるわけにはいかない。結局、わずか半年後の一九九三年三月に番組は終わりを迎え、「ゴールデン降格」の歴史の一ページにその名を刻むことになる。

『やりすぎ都市伝説』が物語るマニアの大衆化

『やりすぎコージー』もまた、同じく「ゴールデン降格」の歴史にその名を連ねたと言える。だがそうだとすれば、本体は終了してしまったのにもかかわらず、番組中の一企画だった都市伝説企画はなぜ生き残ることができたのだろうか？

そのことを考えるには、視聴者の嗜好の変化に目を向ける必要があるだろう。

たとえば、もしいま『カルトＱ』が始まったとしたら、かつてのような運命にはならなかったようにも思える。なぜなら、現在では『超逆境クイズバトル!! 99人の壁』（フジテレビ系、二〇一七年に特番として放送開始し、二〇一八年一〇月からレギュラー化）のようなクイズ番組がゴールデンタイムで放送されているからである。

この番組は、一般人で構成される一〇〇人の出場者がそれぞれ自分の得意ジャンルに関する早押しクイズで残りの九九人と対決し、五問連続で正解すれば賞金一〇〇万円を獲得するというものだ。ただしそのジャンルは「ペヤングソース焼きそば」や「森口博子」といったような、きわめてマニアックなもの。それを見ても『カルトＱ』の系譜を継ぐ番組であることがわかるだろう。

ただし同時に、そこには時代の変化も感じ取れる。『カルトＱ』の場合、出場者はその回のテーマに関する筋金入りのマニアだった。いわば「選ばれし人たち」、エリートであった。それに対し、『99人の壁』で解答者と対決する九九人は、そのジャンルのマニアではない。だがそれでも解答者がいつも圧倒するわけではなく、対決はちゃんと成立する。

そうした事実からは、いまやマニアックさは濃淡の差はあれ共有されるものになっているのが感じ取れる。『カルトQ』ではひたすら驚嘆されるものだったマニアックさも、いまはある程度みながついていくことができるものになっている。誰もがある程度はなんらかの部分でマニアになれる時代になったのである。

『やりすぎコージー』のなかで都市伝説企画だけが生き残った背景には、そうした「マニアの大衆化」があるように思われる。

都市伝説そのものは、とてもマニアックなものである。たとえば、世界を動かす秘密結社に関する嘘か真実か判断がつかない都市伝説を真剣に耳を傾けるべき身近な話題として受け止めるひとはあまりいないだろう。それは本来、好事家同士が自分たちだけのあいだで秘かに楽しむ類いのもののはずだ。ところが、繰り返すように『やりすぎ都市伝説』はゴールデンタイムの特番として視聴率的にも実績を残し、いまや定着した。つまり、きわめてマニアックなものが大衆に支持されるものになったのである。

他方で、こうした芸当ができたのはやはりテレビ東京だからこそという面もあっただろう。『やりすぎ都市伝説』には、歴史編でもふれた〝「素人」の凄さ〟を見せるテレビ東京ならではの番組のノウハウが生かされている。関暁夫をはじめとして都市伝説を語るのは芸人や芸能人である。確かに話術にかけては、彼らにはプロとして一日の長がある。とはいえ、そのスタンスは、伝説の真偽を立証しようとする専門家のそれではない。その意味において、彼らの立ち位置は「素人」のバリエーションであり、『やりすぎ都市伝説』はゴールデンタイムで先駆けて成功した『TVチャンピオン』の発展形でもある。

しかしながら、ひとつの分野を「より深く狭く」というマニアックさと「より浅く広く」という大衆性は本質的に矛盾するところがある。さらに『やりすぎ都市伝説』のようなレアケースもあるにせよ、全体的には「ゴールデン降格」の〝失敗例〟も後を絶たない。

そこで、マニアックなものの大衆化傾向を歓迎せず、むしろマニアックなものをよりマニアックに、濃いものをより濃く、という方向性を深夜番組本来のものとして求める流れが一方で強まってくる。実際テレビ東京の深夜番組には、その意味においてジャンルを問わず他局の追随を許さないものがある。

熱量を描く――『アオイホノオ』の魅力

「ゴールデン降格」になりにくいという意味では、ドラマはゴールデン・プライムタイムと深夜帯の棲み分けがしやすいジャンルのひとつだろう。連続ドラマであれば十数回程度と回数も最初から決まっているし、人気が出てきたからと言って同じ三カ月の一クール（放送期間）中に放送時間を変更しようとはならない。続編が作られる際に深夜からゴールデンタイムになることもないではないが、実際「ゴールデン降格」と視聴者から嘆かれるのは、ほとんどがバラエティだ。

したがって、深夜ドラマでは心置きなくマニアックさを突き詰めるような作り方が可能になる。

たとえば、題材としてオタクの世界を真正面から扱うことなどはそれに当たるだろう。「オタク」と言うと、風貌や言動などステレオタイプな扱い方をされることが多い。だがそれはあくまで外側から見たものにすぎない。そもそもオタクと呼ばれる人たちは、なぜそこまで漫画やアニメに夢中なのか？そんなオタクの本質を成す熱量の高さの秘密に迫るドラマも必要だ。

二〇一四年に「ドラマ24」の枠で放送された『アオイホノオ』は、そんな「濃いドラマ」の典型であった。

このドラマは、漫画家・島本和彦が通っていた「芸大」を舞台にした自伝的同名漫画が原作である。そのなかで、学生時代の島本をモデルにした主人公・焔燃《ほのおもゆる》がプロの漫画家を目指して悪戦苦闘する様子がコメディタッチで描かれる。演じたのは柳楽優弥。映画『誰も知らない』などで子役として活躍していた柳楽は、この作品をきっかけに再び大きく注目されるようになる。

評判になった理由のひとつは、『新世紀エヴァンゲリオン』の監督である庵野秀明や後にオタク評論家として有名になる岡田斗司夫など、漫画・アニメファンならば知らないひとのいない著名人物が作中に実名で登場することである。彼らは島本と同世代。学生時代から絵が抜群に上手かった庵野が何気なく遊び半分で作ったパラパラ漫画のあまりのクオリティの高さに焔燃が驚愕して打ちのめされるシーンなど、実際にあったエピソードが随所に盛り込まれている。つまりこのドラマは、島本の自伝であると同時に、オタク第一世代の青春群像劇でもある。

主人公の役名が象徴するように、とにかく全編を通じて黎明期だったオタク文化が熱くエネルギッシュに活写され、どの登場人物も個性の塊で濃すぎるほど濃い。同じ「ドラマ24」枠の「勇者ヨシヒコ」シリーズ以来、深夜ドラマで名を馳せた福田雄一の演出もそんな濃さをただくどいものに思わせず、ギャグ的要素を織り交ぜながら少年漫画特有の熱気をエンターテインメントへと見事に昇華させている。

島本和彦は『炎の転校生』などの作品によって漫画ファンのあいだでは有名な存在だが、たとえば手塚治虫のようないわゆる誰もが知る偉人ではない。だが逆に偉人ではないことによって、時には自虐やデフォルメを交えながらより大胆に描くことができる。これが仮にゴールデンタイムやプライムタイムの作品ならば、そうはいかなかっただろう。深夜ドラマだからこそ許される自由さがそこにはある。

深夜が引き出す過激さ――『おそ松くん』から『おそ松さん』へ

同じような自由な試みは、深夜アニメにもある。

二〇一五年一〇月から二〇一六年三月にかけて放送された『おそ松さん』の原作は、赤塚不二夫の『おそ松くん』。言わずと知れた赤塚を代表するギャグ漫画である。一九六〇年代に発表され、主人公である六つ子兄弟の日常を全編ギャグの連続で描いた作品で、アニメ化もされるなどいまでも親しまれている作品である。

『おそ松さん』は、その六つ子たちが大人になったという設定。だが成人したにもかかわらず、誰一人として定職についていない。いつも家でゴロゴロしているか、パチンコや競馬などギャンブルにうつつを抜かしている。つまりニートである。

こうした思い切った設定の変更のもと、六つ子たちを中心にありとあらゆるギャグやネタ満載の物語が『おそ松くん』以上の自由奔放さで繰り広げられていく。

たとえば、初回ではいきなり六つ子が巨人化し、漫画『進撃の巨人』のパロディが唐突に始まって視聴者の度肝を抜いたかと思えば、六つ子が仕方なく働きに出た工場は極め付きのブラック企業だったというような調子である。こうしたパロディや風刺はもちろんのこと、深夜ならではの下ネタ、そして時には一転しみじみさせる人情噺まで、まさに枠や常識にとらわれない物語が毎回繰り広げられた。

加えて、六つ子の声をそれぞれ人気男性声優が担当したことで、いわゆる「腐女子」と呼ばれる女性オタク層を中心に二次創作が盛んにおこなわれたことも話題になった。ネット上で、作品中のディテールを手がかりにＢＬ《ボーイズ・ラブ》的な妄想をたくましくして盛り上がる流れが生まれたのである。これもまた、男性同士の恋愛を描いて人気を集めたドラマ『おっさんずラブ』(テレビ朝日系) のブームとも共通する深夜番組ならではの展開と言っていいだろう。

こうして見ると、作品の内容、そしてそれに対する反響も少年漫画だった原作からはずいぶんかけ離れてしまっているようにも思える。だが、そうではない。

実は『おそ松くん』自体が、当時の漫画の笑いに異議を唱えるものだった。それまでのギャグ漫画は、日常生活のなかのほのぼのとしたユーモアが中心だった。そのことに不満を抱いていた赤塚は、アメリカのコメディ映画を参考にスラップスティック(ドタバタ)ものができないかと考えた。そうして生まれたのが『おそ松くん』であった(赤塚不二夫『笑わずに生きるなんて――ぼくの自叙伝』海竜社、一九七八年、八一―八二頁)。

要するに、そこにはすでにナンセンスへの志向がある。常識の範疇に収まる笑いではなく、時には「非常識」と言われかねないくらいの常識にとらわれない笑い。まず主人公が外見上見分けのつかない六つ子という設定からして従来の漫画の常識を無視し、かく乱するものであった。また登場人物のイヤミが流行させた「シェー」のポーズにしても、同じくチビ太がいつも串に刺したおでんを持っていることにしても、そこに意味などない。

『おそ松さん』は、深夜番組ならではの自由さを生かし、『おそ松くん』が本来持っていたそんな過激さのエッセンスを濃縮したようなものだと言える。いまの時代的要素を大胆に盛り込んで、元々オリジナルにあった過激さを虫眼鏡で拡大するように強調することができたのも、深夜だからこそのことだろう。

深夜のアイドル——『マジすか学園』の場合

アイドルもまた、深夜番組で意外な可能性が引き出される素材と言える。

歴史編でも書いたように、テレビ東京は一九七〇年代の『歌え！ヤンヤン』などアイドル番組を数多く作ってきた。フォーリーブス、たのきんトリオ、光GENJI、SMAPなどジャニーズアイドルとの縁も深い。もちろん、オーディション番組『ASAYAN』をきっかけに結成されて大人気となったモーニング娘。も忘れるわけにはいかないだろう。現在も、テレビ東京の深夜帯で男女限らずアイドルグループがメインの番組や冠番組を持つ伝統は連綿と続いている。

アイドル、特に女性アイドルに関しては、「可愛い」や「清純」といったイメージがいまも根強い。だがアイドルの本質は容貌などではなく、そのありかたにある。未熟かもしれないが、だからこそ努力もし、成長し続ける。そんな可能性にも満ちた存在、それがアイドルの定義である。

それは言い方を換えれば、アイドルとはなんにでもなり得る万能な素材のようなものであり、その意味において「なんでもあり」の過激さをはらむものだということだ。したがって、ありきたりな固定観念を裏切るところにこそアイドルの真骨頂がある。とりわけ二〇一〇年代以降は、歴史の蓄積がもたらすアイドル文化の成熟もあり、アイドルがやれることの幅は飛躍的に広がった。

そのひとつの例が、AKB48グループのメンバーが大挙出演した深夜ドラマ『マジすか学園』だろう。二〇一〇年「ドラマ24」の枠で第一シリーズ（第三シリーズまでがテレビ東京で放送）が始まったこの作品、主演は当時AKB48のセンターを務め、グループの象徴的存在だった前田敦子である。

物語は前田敦子扮する主人公がヤンキーだらけの高校・馬路須加《まじすか》女学園に転校して来るところから始まる。最初は理由があって元ヤンキーという素性を隠していた前田だが、同じ転校生が袋叩きになっているところを助けたことからその無類のケンカの強さがばれ、次々と腕自慢のヤンキーたちから挑戦を受けることになる。

そこにはいうまでもなく、ギャップの面白さがある。

この『マジすか学園』の頃、アイドルグループとしてのAKB48の人気はピークに達していた。当時のヒット曲「ポニーテールとシュシュ」や「ヘビーローテーション」を思い出せばわかるように、王道的な「可愛さ」が支持されていた。ヤンキー的要素を持つアイドルも過去にいなかったわけではないが、AKB48においてはその要素は希薄だった。そんなAKB48が主だったメンバー総出演でヤンキーを演じる。その意外性がまず目を引いた。

ただそんな「アイドルらしくない」設定の一方で、アイドルであることを強調する仕掛けが随所に盛り込まれているのもこのドラマの特徴だ。

たとえば、毎回本編が始まる前に「お断り」と称し、「このドラマは、学芸会の延長であり、登場人物の一部にお見苦しい(?)演技がございますが、温かく見守ってご覧いただければ幸いです。」という字幕が出る。主役の前田敦子や子役出身の大島優子などを除けば、演技経験がほとんどゼロ、あるいは演技がそもそも苦手というメンバーもいる。それを踏まえての字幕だが、そこには未熟でも努力する姿を見てほしいという先述のアイドルの定義に沿ったメッセージが感じ取れる。

また、AKB48のファンであればさらに楽しめ、深読みできるネタも巧みに仕込んである。

指原莉乃の役名は「ヲタ」。これは劇中の役柄を表しているわけではない。指原がAKB48に入る前、モーニング娘。などが所属するアイドル集団・ハロー!プロジェクトの熱狂的ファンであり、有名なアイドルオタクだったところから来ている。彼女がそうであることはいまなら比較的知られているかもしれないが、当時はまだファンでなければ面白さがわからないようなネーミングだったはずだ。

一方で、前田敦子は役名も「前田敦子」なのだが、役柄の設定が面白い。普段はケンカなどしないように自分を抑えているのだが、他人が軽々しく「マジかよ」などと言うと闘争心に火がつき、「世の中、マジしかねぇんだよ」とつぶやき戦闘モードに入る。

つまり、その設定は「AKB48選抜総選挙」でメンバー同士がセンターの座を競い合うライバルとして真剣勝負を繰り広げるAKB48というアイドルグループ自体のメタファーにもなっている。そう考えると、当時常に前田敦子と総選挙でトップ争いを演じていた大島優子の役名がやはりそのまま「大島優子」で、劇中でもライバル役であることにも合点がいく。

『ゴッドタン』が示す「笑い」への覚悟

このように、『マジすか学園』というドラマはアイドルグループらしからぬ過激さとコアなファン向けのマニアックさの両面があり、それが楽しみ方の幅を広げていた。一方、過激さとマニアックさをバラエティの分野でずっと追求しているのが、前にもふれた『ゴッドタン』である。

この番組の根底にあるのは、「笑い」だけを徹底的に追求しようとする意志である。だから必然的に、企画は「なんでもあり」なものになる。深夜とはいえ、昨今のテレビでは珍しく下ネタもお構いなしだ。ただしここで言いたいのは、下ネタが多いから過激というような短絡的なことではない。歴史編でもふれたように、セクシー女優にキスをせがまれても我慢する「キス我慢選手権」も、「エロ」の持つパワーに対抗して芸人がそこからどう笑いにまで持っていくかを試す企画だった。

また、芸能界で本当に仲が悪い二人が協力しないとクリアできないアトラクションに挑戦して仲直りをしてもらうという企画「仲直りフレンドパーク」もそうだと言える。なかでも劇団ひとりとキングコング・西野亮廣が登場した回をここでは取り上げよう（二〇一六年七月二日、九日放送）。

近年、西野は絵本作家としての成功をきっかけにアート活動が中心になっている。お笑い芸人としてそれが気に入らない劇団ひとりは事あるごとに「笑いを捨ててしまった」と西野を批判し、西野もまた自分のスタンスを説明して反論する。そのいつ果てるとも知れない対立を心配した番組側が二人に仲直りをしてもらおうという企画である。

もちろんこの趣旨自体が、マジな要素を含んだ一種のフリである。本当の目的は仲直りすることではなく、そこに至るプロセスにおいていかに爆発的な笑いを生み出せるかというところにある。だから二人は、互いの私服を破いて上半身裸になり、あげくの果ては劇団ひとりが自分の肛門に指を突っ込んで西野に匂いをかがせるという挙に出る。そうできることが〝友情の証し〟というわけである。

これをもしゴールデンタイムの番組でやれば、いかにバラエティとはいえたぶん視聴者から「下品」「汚い」というクレームが殺到するだろう。そもそも放送できない可能性も高い。しかし二人のバトルは、本質的にはいわゆるコンプライアンスへの挑戦ではない。お笑いに賭ける芸人としての覚悟の度合いを見せるためのものなのである。

そしてそれは、『ゴッドタン』という番組そのものの根本にある覚悟である。番組の企画者であり、現在も演出を務める前出の佐久間宣行の次の言葉は、その覚悟を物語るものだろう。「我々は、現場で絶対にウケるまでカメラを回しますから。この前、とあるゲスト出演者に言われたのは『『ゴッドタン』のスタッフさんは、普段みんな優しい方ばかりなのに、スタジオではすごく怖い』「笑いを取らないとただじゃおかないみたいな空気が……」って」（テレビ東京「ゴッドタン」制作班監修『「ゴッドタン」完全読

本』KADOKAWA、二〇一七年、三頁)。

そんな笑いに対するストイックさゆえに、お笑い芸人自身の口から現在のテレビバラエティ批判や熱いお笑い論が飛び出すのもこの番組ならではのことだろう。

なかでも秀逸だったのが、「腐り芸人」を集めた企画である。「腐り芸人」とは『ゴッドタン』による造語で、さまざまな事情から本来自分のやりたいお笑いができず、屈折した思いを募らせて腐った心理状態になっている芸人のことだ。当初は「かぶりタレントキャラ統一マッチ」という企画のなかのひとつだったが、評判になり独立したかたちになった。

インパルス・板倉俊之や平成ノブシコブシ・徳井健太とともに、その「腐り芸人」のひとりとして出演したのがハライチ・岩井勇気である。

相方の澤部佑は持ち前の愛嬌やソフトな物腰もあって、バラエティはもちろんドラマにも引っ張りだこになっている。その結果コンビ内格差が生じ、岩井は腐ってしまった、というわけだ。当然、いまのテレビバラエティにも不満がある。そこで岩井勇気は「腐り芸人」として『ゴッドタン』に出演、独自の芸人批評、バラエティ批評を展開した(二〇一七年九月一六日放送)。

まず岩井は、相方の澤部を評して「芸人」ではなく「芸人風」だと言う。それは、澤部が「1を増やすのが得意なだけで、ゼロから1を作れない」からである。たとえば、これは板倉俊之が語ったことだが、最初番組にコンビで呼ばれても、キャラが立っている相方だけが次から呼ばれるようになる。だが本来、漫才やコントのネタを書き、そのキャラを際立たせたのは岩井であり、板倉なのだ。

そこから岩井の矛先は、現在のゴールデンタイムのバラエティにも向けられていく。

たとえば、そうした番組では芸人のほとんどは「ひな壇」に座り、番組が用意したVTRを見ることになる。その際芸人は、MCの言葉に大きく相槌を打ち、VTRを見ながら小さなワイプ（小窓）に映ったときに激しくうなずいたり感嘆の表情をしたりするなど、ほどよい感じでリアクションすることを役割として求められる。つまり、自分が中心になって笑いを生み出すことはほとんどない。

自分の理想の笑いが一〇〇点とすれば、そんなゴールデンの笑いは岩井から見れば三〇点の笑いだ。しかし、それがゴールデンではちょうどよい。そしてその三〇点を一〇〇点と思っている芸人だけが売れるのだ。だが岩井からすれば、ゴールデンの笑いは「お笑い」ではなくただの「お笑い風」にすぎない。

おそらく、ゴールデンタイムのバラエティ番組をそうしたマニアックな視点で見ている視聴者は少ないはずだ。しかし、そうした視点も深夜であれば、お笑い好き、バラエティ好きの視聴者にとっては理解でき、称賛されるものになる。

もちろん、岩井勇気も売れたくないわけではないだろう。実際に深夜以外のバラエティに出演して、プロとして求められる「お笑い風」の役割をこなす彼の姿を目にすることもある。逆に言えば、『ゴッドタン』だからこそ岩井も〝本音〟を吐露できたのに違いない。そしてその腐りかたが一種の芸になるところがまた、この番組らしい。そこにはやはり、「ゴールデン降格」を拒絶する深夜バラエティの矜持が垣間見える。

『タモリ倶楽部』の変容

さて、ここまで本章で見てきたことを踏まえ、深夜番組から見えてくるテレビ文化の現在について少し考えてみたい。

そうするにあたって、象徴的な存在として挙げたいのがタモリである。

タモリが現在レギュラー出演する番組のなかで最も古いのがテレビ朝日の深夜番組『タモリ倶楽部』（テレビ朝日系）だ。番組のスタートは一九八二年。これは、『笑っていいとも！』（フジテレビ系）が始まったのと同じ年でもある。

いうまでもなく『笑っていいとも！』はタモリを「お昼の顔」として全国区の人気者に押し上げた番組だ。二〇一四年まで約三二年間続き、「フジテレビの時代」を支えた番組のひとつでもある。だが、タモリの経歴をたどってみたとき、むしろ『タモリ倶楽部』こそが彼の本来の領分であったようにも思える。

一九七〇年代後半、タモリは「密室芸人」として頭角を現した。その呼び名は、元々はジャズピアニストの山下洋輔や漫画家の赤塚不二夫らの遊び仲間とともに新宿の行きつけのスナックで夜な夜な宴会芸で盛り上がっていたことに端を発する。

ただしそこでタモリがやっていたネタは、よくある宴会芸とは異質だった。ちょっと気味の悪いイグアナの物真似、またでたらめ外国語を駆使し、果てには昭和天皇まで登場する「四か国語麻雀」、さらに赤塚不二夫と組んでの「ＳＭショー」など、決して万人向きとは言えないマニアックなものであった。なかには架空の大学「中洲産業大学」教授に扮する知的パロディに属するネタもあって、それなどはかろうじてプライムタイムの番組でも大丈夫だったが、「密室芸人」としてのマニアックな本領をこころゆくまで発揮できるのは、やはり深夜番組であった。

その意味では、サブカルチャーの世界で名を馳せていた山田五郎やみうらじゅんが『タモリ倶楽部』にゲストとしてよく登場していたのは、事の必然と言える。山田五郎が美術史の学識を生かして女性のお尻を品評する初期の企画「今週の五ツ星り」などは、単なるエロになりかねない素材を一種知性的にとらえるサブカルチャーらしいものだった。またタモリ出演のミニドラマ「愛のさざなみ」なども昼メロを徹底してパロディにした内容で、これもいかにもサブカルチャー的だった。

ところが、二〇〇〇年代くらいから『タモリ倶楽部』の傾向が変わり始める。『タモリ倶楽部』の構成を務めた放送作家の高橋洋二によれば、「2003年くらいから（中略）タモリさんの得意なジャンルのネタをやるようになった」（『TV Bros.』二〇一四年三月一五日号、四五頁）のである。鉄道とか、地質学とか、古地図とかがそれであり、「そこでタモリというタレントの評価のパラダイムが変わった」（同誌、四五頁）と高橋は指摘する。

その頃から、タモリはお笑い芸人というよりは「博識な趣味人」として存在感を発揮し、世間から尊敬の対象になり始めた。たとえば、二〇〇二年にスタートした『トリビアの泉〜素晴らしきムダ知識〜』（フジテレビ系）は、生きていくうえでは取り立てて必要のないムダな雑学的知識を紹介する番組として人気になった。この番組でタモリ（出演は二〇〇三年から）に与えられたトリビア（雑学的知識）の品評会会長というポジションも、この頃のタモリの評価のパラダイムの変化を示す一例であろう。そして二〇〇八年には古地図を手に街歩きをするプライムタイムの番組『ブラタモリ』がＮＨＫで始まり、「博識な趣味人」としてのタモリのイメージは決定的なものになった。

テレビにおけるオタク文化とサブカルチャー

いまやそんなタモリは、若い世代からも憧れられる「理想の大人」になっている。たとえば、明治安田生命が毎年新入社員に聞く「理想の上司」調査があるが、そこでタモリは二〇〇〇年代からしばしばトップ10内に入るようになり、近年はトップ3内にランクされることも珍しくない（明治安田生命HPより）。

その背景には、日本のポピュラー文化のオタク化があるだろう。

ある特定の分野についての知識がとりわけ深く、関連するグッズなどを熱心に収集するひとを指して「オタク」と呼ぶ習慣もすっかり定着した感がある。かつてオタクは漫画やアニメなど限られた分野のものだったが、急速に一般化した。現在の語感では、ある特定の分野がなんであるかは問われない。たとえば伝統芸能である歌舞伎について詳しく、熱心に観劇に通う人を「歌舞伎オタク」と呼んでも、違和感を抱く人はもはや少ないのではあるまいか。

テレビにおいても、そうした傾向は目立つ。たとえば『マツコの知らない世界』には、缶詰やレトルト食品といったような、本来マニアなどいそうもない分野のマニアが毎回のように登場する。そもそもマツコ・デラックスも地図や都市再開発のマニアであり、そうしたところでのオタク的な博識ぶりが人気の一因としてあるだろう。他にも現在のバラエティ番組を見渡してみれば、単なる好きを超えた偏愛ぶりをさまざまなものに対して示すオタクたちが主役の一角を占めると言ってもいいほどだ。

そうした〝一億総オタク化〟と言いたくなるような状況が進む前提には、文化全般における「メイン／サブ」図式の崩壊があるように思える。いまやメインカルチャーとサブカルチャーのようなかたちで文化を階層化することは、少なくとも現在の日本社会においてあまり意味をなさなくなりつつあるように見える。

それはたとえば、『新世紀エヴァンゲリオン』のようなアニメの登場を思い出せば、ある程度理解できるかもしれない。歴史編でも書いたように、いまやアニメは子どもだけでなく大人の年齢に達しても普通に見るものになった。メインカルチャーが大人の文化でサブカルチャーは子どもの文化であるというようなヒエラルキー的とらえ方は、もはや現実に即していない。サブカルチャーの持つパロディ感覚や反体制的志向は、堅固なメインカルチャーの存在があって初めて本領を発揮する側面があるだろう。だが『タモリ倶楽部』がサブカルチャーからオタク文化へとシフトしたように、すでに文化はメインもサブもない状況にあるように映る。

ただしその状況は、テレビにとって必ずしも歓迎すべきものではない。オタク的な趣味の世界は本来好きな者同士の閉じられたサークルの形成に向かうものであり、その点において最大公約数的なマスの視聴者を基盤にしたテレビとはそもそも相容れない部分があるからである。

そこで現在のテレビは、オタク的な嗜好と「メインカルチャー/サブカルチャー」図式の調停を図ろうと腐心しているように思われる。その具体的な表れが、深夜番組をさらに充実させることによって「ゴールデン/深夜」図式をアップデートし、再構築しようとする動きなのではあるまいか。そしてその中心的役割を担っているのが、ほかならぬテレビ東京なのである。

本章で取り上げたテレビ東京の深夜番組は、漫画、アニメ、アイドル、お笑いといずれもサブカルチャーの世界を題材にしたものだった。それらを「より濃く」「より過激に」描くことによってオタク文化が強まる時代性を反映する一方で、テレビにとって必要な「メインカルチャー/サブカルチャー」図式を再強化する二重の効果が見込める。そこに私たち視聴者も、現在のあるべきテレビの姿を感じ取って満足するのである。

歴史編でもふれた「製作委員会方式」などによって新たなビジネスモデルも出てきているが、依然として視聴率が番組評価のほとんど唯一の基準である状況は変わっていない。そのなかで、深夜番組固有の価値を追求していくことには当然困難が伴う。

しかし一方で、いま述べたようにテレビがそうせざるを得ない状況に置かれているのも事実だろう。深夜番組の充実は、マスメディアとしてのテレビが新しい文化状況に順応しつつ生き残るための有力な策のひとつと言える。そのなかでニッチ狙いのノウハウを開局以来培ってきたテレビ東京と深夜番組の相性は抜群に良かった。そしてテレビ東京は、必然的にテレビ文化の最前線に躍り出ることになったのである。

7 テレ東とNHK
――ニッチを狙え

ここまで「ニッチ」、つまり既存のテレビの隙間を突くところにテレビ東京の個性、そして強みがあると繰り返し述べてきた。それはおそらく、私だけでなく少なからぬ視聴者が感じるところだろうし、当のテレビ東京（東京12チャンネル）の番組制作者をはじめとした関係者がしばしば回想し、いまも語るところでもある。

では、ニッチという戦略を可能にする「既存のテレビ」の代表はどこか？　ということになると、それはやはりNHKということになるのではあるまいか。テレビ東京がずっと抱えてきた悩みの種である予算、人員、設備・機器、ネットワークの充実などの面についても、NHKの組織の巨大さはテレビ東京のみならず在京キー局全般を圧倒するものがある。

その大前提にあるのは、テレビ局として置かれた法的・社会的ポジションの違いだ。NHKは放送法によって定められた公共放送としての役割を担うのに対し、テレビ東京は利益を追求する民間放送局のひとつである。しかも歴史編でも見たように、在京キー局としては最後発であることに加えて当初は科学教育専門局として出発したことで、開局してすぐに経営危機に陥るなど他の在京キー局と比べてもより大きな苦難の道を歩んできた。その点、NHKとはまさに対極にある。

だが同時に、両極端なテレビ東京とＮＨＫには似ているところもあるように私には思える。それはどのような点においてか？　この章では、テレ東とＮＨＫを比較し、そこから現在のテレビが置かれている状況についても少し考えてみたい。

ＮＨＫとテレ東は似ている？

テレビ東京とＮＨＫの共通点のひとつ、それは「他の民放には作れない面白い番組」を作るテレビ局だという点であるように思われる。

テレビ東京がアイデア・企画勝負によって次第に評価を高め、独自のポジションを獲得するに至ったことは、ここまで述べてきた通りだ。むろん、それがニッチ狙いということでもある。

一方、ＮＨＫは、現在であれば『ＮＨＫスペシャル』などのように時間と人手、そして予算を十分にかけた重厚な大型番組を得意とする。政治経済、国際情勢から科学や芸能関連に至るまでジャンル横断的に取り上げ、なかには年単位での長期取材を敢行することもあるそうした番組は、視聴率第一で効率が求められる民放には作れないタイプの番組として定評がある。

しかも、加えて近年のＮＨＫは、バラエティでも真価を発揮しつつある。

ごく最近で言えば、二〇一八年にレギュラー化されると瞬く間に人気番組になった『チコちゃんに叱られる！』が好例だ。五歳児という設定の着ぐるみ姿の女の子・チコちゃんが、ナインティナイン・岡村隆史をはじめとする芸能人の大人たちに「なんで右利きの人が多いの？」「ごちそうさまってなに？」など素朴な疑問をぶつけ、答えられないと「ボーっと生きてんじゃねーよ！」と一喝し、番組が調べた疑問への解答ＶＴＲが流れる。

こうしたクイズ形式の教養バラエティ自体は目新しいものではないし、むしろＮＨＫが『クイズ面白ゼミナール』（一九八一年放送開始）や『クイズ日本人の質問』（一九九三年放送開始）など伝統的に得意としてきた分野でもある。

しかし、『チコちゃんに叱られる！』の場合は、チコちゃんの声をお笑い芸人の木村祐一が担当し、岡村やゲスト解答者と当意即妙のフリートークを繰り広げ、時に毒を吐いたり、平気で五歳児の設定を無視して昔のプロ野球の思い出話などをしたりする。またＮＨＫアナ・森田美由紀のお堅いイメージを覆すような軽い「毒」の混ざったナレーションもスパイスが効いている。子どもが大人に叱られる痛快さと併せ、こうした遊び心満点の部分が、従来のＮＨＫ的教養バラエティにはない魅力として支持されたと言えるだろう。

ただその遊び心も、ＮＨＫの持つ技術力なしには十分に生かされなかったに違いない。チコちゃんの「ボーっと生きてんじゃねーよ！」のときの一瞬巨大化する怒り顔や照れ顔、ちょっと意地悪そうな顔などくるくる猫の目のように変わる表情は、最先端のＣＧ技術によって収録後に加工されたものだ。そのバリエーション豊かな表情の緻密な仕上がりに、制作費面のことも含めてＮＨＫならではの手の込んだきめ細かさが感じられる。

あるいは、ＮＨＫ Ｅテレで放送されている『バリバラ〜障害者情報バラエティー〜』（二〇一二年放送開始）も民放ではおそらく実現困難な企画だろう。

テレビで障害者をメインにした番組を作るとき、どうしても真面目なもの、そして頑張る障害者の姿を感動的に描いたものになりがちだ。しかし当然ながら、障害者の日常には笑えることや面白いこともある。そのことを障害者の側から発信していこうというのがバリアフリーバラエティー、略して「バリバラ」である。

そのコンセプトが明確に表れていたのが二〇一六年八月二八日の生放送である。この日ちょうど裏では、日本テレビが恒例のチャリティ番組「24時間テレビ」を放送中だった。それに対抗するように、当日の『バリバラ』では障害者を感動ストーリーの主人公に仕立て上げ、消費の対象にしてしまうメディアの姿勢を批判する「感動ポルノ」という概念を紹介し、さらに「24時間テレビ」のパロディを障害者自身が演じて話題になった。

いずれの番組も、教養やバリアフリーをコンセプトにした点にNHKらしい真面目さはあるが、もう一方で既存の番組の間隙を突くアイデア勝負、ニッチ狙いの匂いも色濃く感じられる。つまり、近年NHKとテレビ東京は、番組づくりの基本スタンスという点で接近しているように感じられるのだ。これはどういうことなのだろうか？

その答えを探るためにも、まずはNHKとはどのような放送局なのか、改めて確認しておこう。

公共放送と民間放送

日本放送協会、略称NHKの現在の法的ポジションを定めたのは、一九五〇（昭和二五）年に施行された放送法である。この法律によって、NHKは社団法人から特殊法人になった。

社団法人時代の始まりは、東京、名古屋、大阪にそれぞれ独立したかたちで放送局があった一九二〇年代中盤にさかのぼる。それらが統合され社団法人・日本放送協会が設立されたのが一九二六年のことだった。その体制は戦時中を経て敗戦直後まで続く。

そして放送法とともに社団法人は解散、NHKは特殊法人として生まれ変わった。同時にそれは、N

ＮＨＫが公共放送を担う役割を与えられた瞬間でもあった。ＮＨＫは、「公共の福祉のために、あまねく日本全国において受信できるように放送を行うことを目的とする」(放送法第七条)ものとされた(以下、放送法の条文は制定当時のものによる)。

同時にこの法律では、「協会の標準放送(略)を受信することのできる受信設備を設置した者は、協会とその放送の受信についての契約をしなければならない」(同法第三二条)と定め、経営基盤を維持するための受信料徴収権がＮＨＫに付与された。ただ、その経営計画は最終的に国会によって承認されなければならない。またＮＨＫに限ったことではないが、放送は電波法に基づいて国による許認可を必要とする免許事業であるため、政府からの監督も受ける。

一方で、ＮＨＫ以外の放送事業者として「対価を得て広告放送をする」(同法第五一条)一般放送事業者による放送、すなわち民間放送もこの放送法で初めて認められた。ちなみに民放第一号はテレビ本放送開始以前のラジオ放送だが、中部日本放送(現・ＣＢＣラジオ)と新日本放送(現・ＭＢＳラジオ)で同じ一九五一年九月一日に開局した。

つまり、ＮＨＫと民放という二種類の放送局が併存するという、現在も続く日本の放送の大枠が、放送法によって明文化されたことになる。一九五三年にはテレビ本放送が日本でも始まるが、そこでもやはりＮＨＫと日本テレビ、すなわち公共放送と民間放送による「第一号」の座をめぐる熾烈な争いがあったのは、多くのテレビ史の記述が教えるところだ(日本放送協会編『放送五十年史』(日本放送出版協会、一九七七年)などを参照)。

そもそもこの放送法制定は、ＧＨＱによる戦後日本の民主化政策の一環としてあった。たとえば、放送法制定の目的として「放送に携わる者の職責を明らかにすることによつて、放送が健全な民主主義の発達に資するようにすること」（同法第一条三項）とあるのは、その端的な表現だ。放送法が「放送の不偏不党、真実及び自律を保障する」ことで、「放送による表現の自由」もまた確保される（同法第一条二項）。

このことはいうまでもなく放送すべてに当てはまる。しかしなかでも公共放送としての立場にあるNHKが「健全な民主主義の発達」のために果たすと期待される役割は大きい。そのことは、最高責任者である会長が、他の法人にありがちな内閣総理大臣による任命ではなく、国民の代表からなる経営委員会によって任命されるところにも表れている（同書、二九六頁）。

ここで改めて、先ほど引いた放送法第七条に注目してみよう。

そこには、NHKの果たすべきこととして「公共の福祉のために、あまねく日本全国において受信できるように放送を行うこと」とあった。

公共放送とは「公共の福祉」に資するものである。つまり、個人の権利や利害間の適切な調整を通じて社会全体の安全や利益を維持・増進することに貢献するものとしてある。

ただし、第七条に同時に述べられているように、その役割を十分に果たすためにはひとつ現実的な条件がある。放送を「あまねく日本全国において受信できる」ようにすることである。平たく言うなら、日本全国どのような場所であっても放送を見聞きできない地域があってはならない。NHKはそのことに責任を負う。

東京オリンピックがＮＨＫを飛躍させた

ただ、「あまねく日本全国において受信できる」ようにするためには、当然設備投資や人員確保などに莫大な費用が必要になる。そしてそのための予算を組むには、国民や政府が納得するだけの理由が必要だ。

その絶好の機会となったのが、一九六四年の東京オリンピックだった。

東京オリンピックは「テレビオリンピック」とも呼ばれた。中継時にスローモーションVTRが導入されるなど、新技術が本格的に用いられたこともその理由だが、なによりも世界で初めてのオリンピックの「宇宙中継」(「衛星中継」を当時はそう呼んでいた)を成功させたことに、技術的なこと以上の重要な意味合いがあった。

第1章でもふれたが、東京オリンピックには、戦争に敗れた日本が復興を遂げたことを国内外に知らしめる意味合いがあった。東海道新幹線や首都高速道路などの交通網が開催に合わせて開通し、ホテル建設など近代的ビルの建築ラッシュが起こったことは、そのアピールでもあった。

いまふれたような技術革新の成果を駆使したテレビ放送にも、同様の側面があった。東京オリンピックでは、世界各国でのニュース映像として使われる「国際映像」が初めて制作され、日本のテレビの水準をアピールする格好の機会にもなったからである。

では、その国際映像をどの局が制作するか? それをめぐっては、NHKと民放のあいだに激しい綱引きがあったとされる(杉山茂・角川インタラクティブメディア『テレビスポーツ50年——オリンピックとテレビの発展 力道山から松井秀喜まで』角川インタラクティブメディア、二〇〇三年、八一—八二頁)。だが結局東京オリンピック組織委員会の決定によって、NHKが一手に引き受け、制作することになった。取材や放送の拠点として、東京都渋谷区の在日米軍関係者居住地域であるワシントンハイツの一部に新たに放送センターが建設されたのも、この決定を受けてのことである(前掲『放送五十年史』、六一四—六一五頁)。

当時、オリンピック放送実施のための中心的役割を担っていたのが、一九六四年にNHK会長に就任する前田義徳であった。会長になる以前から、前田はアメリカなど海外に渡って現地の放送局との「宇宙中継」のための交渉を進めるなど、オリンピック放送の成功に向けて精力的に動いていた。

そうした前田をはじめとするNHKスタッフの努力は、結果的に大いに報われることになる。「宇宙中継」のための衛星打ち上げが成功したのはオリンピックが始まるわずか二カ月前だったが、当時まだ普及期だったカラー放送のアピールの場であった開会式の模様は、アメリカにも無事生中継された。また六六・八パーセントという視聴率を記録した女子バレーボール「日本対ソ連」の決勝戦をはじめとして、日本で開催期間中に少しでもテレビでオリンピックの放送を見たひとは実に九七・三パーセント(NHKによる調査結果)に上ったと言う(同書、六二一頁)。

その背景には、NHKの受信契約数の急激な増加があった。テレビ普及の大きなきっかけになったとされる皇太子ご成婚のあった一九五九年でも二〇〇万件だった受信契約数は、一九六四年のオリンピック開催直前に一六〇〇万件を超え、テレビの普及率も約八〇パーセントに達した(NHKサービスセンター編『テレビ50年——あの日あの時、そして未来へ』NHKサービスセンター、二〇〇三年、一四〇頁)。さらに契約数の飛躍的増加に加え、この時期にNHKは、カラー受信料、衛星受信料などの新財源も獲得した(松田浩『NHK——問われる公共放送』岩波新書、二〇〇五年、九〇頁)。それは当然、NHKにとって経営基盤がより強固になることを意味した。

また同時にオリンピック放送は、NHKの放送のハード面の整備にとっても強力な追い風となった。当時、前田と行動をともにしたNHK理事・春日由三《よしかず》によれば、「放送ブースはもちろん、各国の取材機材、たとえばテレビカメラなども開催国の基幹放送局が用意して提供することになっていたのですが、ＮＨＫはまだ地方局にも満足に機材が揃っていない状態で、外国勢に提供できる余裕などまるでなかった」（田原総一朗『テレビ仕掛人たちの興亡』講談社、一九九〇年、一五四頁）。

そこで思いついたのが、オリンピック放送を逆に利用することだった。春日は、「各国の取材スタッフに貸与するという名目で機材を大量に購入する。オリンピックという大義名分があるので、かなり高額になっても通る。そしてオリンピックが終わったら、それらの機材を地方局に分配する。となれば地方局の機能は一挙に拡充され、つまり一石二鳥だ」（同書、一五五頁）と考え、それを実行に移した。

こうして、オリンピック放送という未曽有の機会をすかさずとらえ、ＮＨＫは「あまねく日本全国において受信できる」状況の実現に一気に近づくことになった。たとえば、ＮＨＫ放送局数（総合）の推移を見ると、一九五三年の本放送開始から放送局が増え続けていたなかでも、一九六二年度が一一七局、一九六三年度が一六二局、一九六四年度が二五二局、そして一九六五年度が三九七局とオリンピック前後で飛躍的にその数が増加した様子がうかがえる（前掲『放送五十年史』資料編、六〇三頁）。

ＮＨＫは言論機関ではなく報道機関

ただこうした国家イベントとの関わりが深まるにつれて、あるべきジャーナリズムの観点からＮＨＫに対する批判も起こってくるようになる。

繰り返しになるが、公共放送としてのＮＨＫは、「健全な民主主義の発達に資する」ことを法的にも社会的にも求められる。したがって当然、権力の振る舞いを常にチェックし、国民の権利や生活を脅かすような重大な出来事の真相を明らかにするジャーナリズムの一翼を担うことを期待される。

ところが前述の前田義徳は、以下のような発言をしていた。「ＮＨＫは新聞とは違う。政治的な意見の対立が国民の間にあるときに、その対立を激化させない、というのがＮＨＫの基本的なモットーです」「放送の本質は報道にある。ドラマでは好き嫌いが多いだろうと思う。しかしニュースは空気や水のようなもので、好き嫌いをいっておられないですね。そうすると、その水準を高めることが放送局の新しい生きかたである」。そのような考えに立って、前田は、「ＮＨＫは言論機関でなく報道機関だ」と主張したのである（前掲『テレビ仕掛人たちの興亡』、一五一頁）。

そのひとつの具体例が、先ほどもふれた東京オリンピックの「国際映像」である。「国際映像」が作られたのは、このオリンピックが初めてだった。そしてその映像は、どの国でもそのままニュースとして流せるよう、日本はもちろんどのようなナショナリズムにも偏らず、公平に競技の模様を伝えるものであることが意識されていた（同書、一五五―一五六頁）。

しかし、このような前田の姿勢に対して、やはり批判もあった。言論機関ではないと考えることは、そのままジャーナリズムの果たすべき権力監視の役割を放棄することになりかねないからである。たとえば、松田浩は、前田義徳が会長の座にいた三期九年間を「最初こそ権力と対峙する姿勢をとっていたものの、次第にそれがポーズになり、〝政権〟後期になるにつれ権力との妥協が目立ってくるという、そんな軌跡」だったと批判的に総括している。そしてその変質のきっかけとして、「テレビのカラー化や衛星放送の実用化、東京オリンピックなど国家的行事への積極的関与など」があったとする（前掲『ＮＨＫ』、八九、九〇頁）。

だが一方、田原総一朗は、前田会長時代の権力への接近に危惧すべき点があったことを認めつつ、そこには前田なりのメディア観もあったのではないかと推測する。

田原によれば、前田義徳がやろうとしたのは、マクルーハンの言う「メディアはメッセージである」

の実現だった。すなわち、同じ内容を伝えても、それがどのメディアであるかによって受け取られ方は変わる。メッセージとは伝える内容ではなく、むしろメディアそのもののことなのだ。テレビというメディアの登場によって、世界中の人びとが同じ場面を同時に目撃するようになった。そのことは否応なしに人びとの意識を変革する。そうマクルーハンは予言した。このマクルーハンの〝ご託宣〟を、「宇宙中継」を使ったオリンピック放送を機に具現化したのが前田ではないか、と田原は結論づける（前掲『テレビ仕掛人たちの興亡』、一五一―一五三頁）。

確かに、現在の日本のテレビのニュース番組などにも根強いように見える「中立」のとらえかたは、前田義徳の考えに近いものがあるだろう。そこでは、局として主張するよりは、主張部分をできるだけなくして「ありのまま」を伝えることが最重視されていると言える。

その影響は、小さなものではない。こうしたマクルーハン的方向性でのテレビの発達は、「ジャーナリズム」という言葉の定義すらも変えてしまうだろう。たとえば、ジャーナリストの原寿雄による次の言葉は、そのことをわかりやすく説明してくれている。「これまでのジャーナリズム概念では、「人びとの公共生活に必要な社会性の強い情報の伝達活動」というところに焦点が置かれてきた。それがマスメディア、特にテレビの発達によって、娯楽、教養、趣味など、人びとが個人的にエンジョイする私的情報の分野が増え、ジャーナリズムの周縁が拡大した。ジャーナリズムは実態として、次第にマス・コミュニケーションと同義語に近づきつつある、ということができるのではないか、と思う」（原寿雄『ジャーナリズムの思想』岩波新書、一九九七年、ii頁）。

つまり、前田義徳が「ニュースは空気や水のようなもの」と語ったように、日本のテレビは、私たちの日常生活にとって欠かすことのできないインフラのような存在になることを目指したのである。

テレビジャーナリズムとはなにか？

だが田原総一朗は、もう一方でそのような方向に特化したテレビの発達が、テレビ自身から創造性を奪ったと指摘する。「NHKのテレビマンたちは、その最新鋭の機材、システムに逆に金縛りにされ、いわばメディアのオペレーターになり、自己表現する想像力や発想を失ってしまったのではないのか」（前掲『テレビ仕掛人たちの興亡』、一七一頁）。

では、テレビはどのようにすれば創造性を取り戻せるのだろうか？　ここでは田原総一朗自身の足跡を手がかりに、そのことを考えてみたい。

田原は、東京12チャンネルを一九七七年に退社した後、フリーのジャーナリストに転じた。ただ、その活躍の場は活字の分野にとどまらず、一九八〇年代以降『朝まで生テレビ！』（テレビ朝日系、一九八七年放送開始）や『サンデープロジェクト』（テレビ朝日系、一九八九年放送開始）などテレビの司会者・インタビュアーとしても独自の存在感を放った。その点、他の多くのジャーナリストとは一線を画す。そこにはいうまでもなく、東京12チャンネルでの番組制作の経験が生かされているだろう。

このようにテレビ制作者とジャーナリスト両方の経験を持つ田原は、テレビジャーナリズムと新聞ジャーナリズムをはっきり区別する。

まず、新聞とテレビのあいだには意識の違いがあると田原は言う。「新聞にかかわっている人間は、みんな、新聞はジャーナリズムであると思っている。ところが、テレビはちょっと違うとわたしは考えている」（田原総一朗『田原総一朗の闘うテレビ論』文藝春秋、一九九七年、二六頁）。

田原によれば、それはテレビが「ごった煮の世界」だからである。「同じブラウン管の中、同じチャンネルの中から、お笑いが出てきたかと思ったら、シリアスなドキュメンタリーが出てくる、一つの時間帯にどのジャンルが登場してもいいし、視聴者はそのどれでも選択できる、つまり制作者はすべての番組と競い合うわけだ。これがテレビの面白さであり、エネルギーになっていると思う」(同書、二六―二七頁)。

たとえば、ワイドショーは、時に「低俗」「悪趣味」と批判され、やらせ事件を起こして問題になることもある。だがワイドショーこそ、政治経済から芸能、人生相談までなんでも扱うテレビならではの「ごった煮」を凝縮し、体現したものだ。田原総一朗も、「ワイドショーは、テレビが生み出した独創文化、テレビならではの文化」(同書、一五頁)とポジティブに評価する。

そもそもワイドショーの発端には、「ニュース」の概念を拡張しようという目論見があった。日本のワイドショーの元祖とされる『木島則夫モーニングショー』(NET[現・テレビ朝日]系、一九六四年放送開始)の企画・演出を務めた浅田孝彦は、テレビの魅力は同時性にあると考えた。すなわち、番組と視聴者が、いまこの瞬間を共有しているという感覚になることが最も重要である。そのことを踏まえてみたとき、テレビにおいて「ニュース」とはなにも国家に関わる重大事や大きな事件・事故だけに限らない。生放送のスタジオでそのとき起こっているすべてのことが「ニュース」になり得る。たとえば、事情があって長らく離れ離れになっていた親子がスタジオで対面する様子を見て司会の木島則夫が涙を流すとき、その顔をとらえた映像もまた「ニュース」なのである(浅田孝彦『ワイド・ショーの原点』新泉社、一九八七年、三九―四三頁)。

田原総一朗による政治家へのインタビューが人気を呼んだ『サンデープロジェクト』もまた、最初は「ごった煮」のワイドショーであった。スポーツコーナー、ローカルな話題、芸能人のコーナーなどが並ぶなかのひとつとして、田原が担当する一五分間のコーナーがあった。しかも第一回のゲストは「ハマコー」こと浜田幸一。政治家ではあったが、そのタレント性がテレビでも重宝された人物である。「政治を真っ向から論じようという気はなかった」と田原は述懐する（前掲『田原総一朗の闘うテレビ論』、三〇頁）。

ところが、そのうちに政治家の出るコーナーが評判になり、その部分の視聴率も上昇した。するとテレビ特有のフットワークの軽さ、柔軟さで番組の構成が大きく変わり、田原のコーナーは一時間近くに拡大され、ほとんどが政治の話題で占められるようになったのである（同書、三〇―三一頁）。

そうしたなかで、生放送中にゲストの政治家がした発言が、翌日の新聞で大きく報じられる現象が定着した。やがてそれは、「サンプロ現象」と呼ばれるようになる（同書、一〇頁）。テレビ史的に言えば、それは、先述のワイドショー的解釈での広義の「ニュース」が逆に政治の世界をも巻き込んだことを意味していた。

その際、田原総一朗ならではのインタビュー術が果たした役割は大きかった。『朝まで生テレビ！』でもそうだが、田原のインタビューは、一言で言えば〝挑発的〟である。「政治家が、建前で喋ったり、いい加減な言い方で誤魔化そうとすると、すかさず、わたし（引用者注：田原総一朗のこと）は、その建前やウソにどんどん突っ込んでいく。彼はムッとする。それがテレビに映る。さらにわたしが疑問をかぶせる。彼は意を決して喋る。そういう〝闘い〟の中から彼の意図とは逆に、ポロリと本音が出てしまうということがある」（同書、一六九頁）。

こうしたある種格闘技的なやり取りが、政治を一種のショーにしてしまった面があるのは確かだ。そのことに対する批判的論調もあった。しかし、それが田原総一朗の考えるテレビ流のジャーナリズムだったことは間違いない。傍観者ではなく、その現場の当事者として積極的に相手に組みついていくことで、田原は単なるインフラであることにとどまらない言論の場、ひいてはテレビ的な「ニュース」を創出しようとしたのである。

ドキュメントとしての「顔」

そうした田原総一朗のワイドショー的戦略は、元々彼の持っていた資質もあるにせよ、東京12チャンネル時代に培われたものでもあるはずだ。歴史編でも紹介した田原演出によるドキュメンタリー番組が、そのことを物語る。そこでも彼は、自ら出演して時には取材対象と性行為を自らおこなうことまでして、現場の生々しいリアリティを映像に収めようとしていた。

その手法は、予算、人材、機器面などの不足を補ってくれるものでもあった。それゆえワイドショー的手法は、田原個人にとどまらず、東京12チャンネルとして開局した当初からテレビ東京そのものにとっても有効なものだった。

たとえば、開局した一九六四年四月から始まり、一〇年間にわたって全部で五一八回放送されたインタビュー番組『私の昭和史』を見てみよう。スタート時にディレクターを務めた小林久雄によれば、「番組の主旨は昭和という激動の時代に生き貴重な体験を持った人びとに、それを証言してもらうというもの」で、「〝庶民の目の高さで見た昭和史〟というテーマ」がベースにあった（金子明雄『東京12チャンネルの挑戦』三一書房、一九九八年、一五一頁）。

実際、森繁久彌や徳川夢声のような有名芸能人が出演することもあったが、庶民が登場して、戦争体験などを語ることも少なくなかった。小林が担当した「死と飢えのフィリピン戦線　ある従軍看護婦の証言」は、タイトルの通りフィリピン・ルソン島の戦いで敗走する日本軍の様子を従軍した女性の目を通して語ったもので、大きな賞も獲得した(同書、一五一頁)。

こうした番組は、田原総一朗が実践するワイドショー的手法とは一見対極にある。しかし、必ずしもそうとは言い切れない。

この『私の昭和史』の聞き手を務めたのが、三國一朗である。歴史編でもふれたように、テレビタレント第一号とも称されテレビの草創期から活躍した人物だが、その三國は『私の昭和史』で得た認識を次のように語っている。「かつて昭和のある時期に生き、今なお現に生きて、自己とその時代について語る人の「顔」は、映像としてのドキュメントであり得る。とくに一定時間持続して映像化される「顔」、なにかを語る「顔」、問われて答える「顔」は、中でも重要なドキュメントであり得ると、私は思った」(テレビ東京編『証言・私の昭和史1 昭和初期』文春文庫、一九八九年、三頁)。

語る人たちの「顔」を映していればよいスタイルであれば、制作費もかからずにすむ。それがこの『私の昭和史』が、予算不足に悩む当時の東京12チャンネルで長寿番組になった要因のひとつだった(同書、四頁)。だが三國の指摘に従えば、その「顔」は「重要なドキュメント」にもなっていて、それ自体が視聴者に訴求する力を有していた。

とはいえ、ただ語り手にカメラを向けていれば自然にそうなるわけではない。三國一朗という聞き手がその場で相手の様子を見ながら臨機応変に質問するからこそ、ドキュメントとしての「顔」は生まれる。言い換えれば、聞き手と語り手の相互作用のなかで初めて語り手の「顔」はドキュメントになる。

つまり、スタイルは違えども、田原総一朗と三國一朗がやっていることは基本的に変わらない。聞き手の関与こそが、相手のなかに潜む可能性や魅力を新たに引き出すのである。それもまた、ニッチを突くひとつのかたちと言えるだろう。

『ＮＨＫ特集』から『ＮＨＫスペシャル』へ

一方、東京オリンピック以降のＮＨＫは、圧倒的に豊富な予算、人員、機材・設備、地方とのネットワークなどを活用した大型番組にアイデンティティを求めるようになる。

一九七六年に始まった『ＮＨＫ特集』は、そうした番組の典型である。

最初、この番組のアイデアは危機感から始まった。ＮＨＫは、先述のように「あまねく日本全国において視聴できる」インフラを整えたものの、番組の内容は型にはまったものが多く、しかも報道、芸能、教育などそれぞれの部局がタコツボ化していた。一方、テレビ東京を除く在京キー局は、高度経済成長による後押しのなかで着々とネットワークを整備し、次々と人気番組を生み出すようになっていた。

その苦境のなかで、当時放送総局長だった堀与四男は、部局の垣根を取り払い、質の高い教養番組を作ることを考えた。一九七三年に堀は、さまざまな分野の人材を集め、既存のどの組織にも属さない自らに直属する「スペシャル番組部」を創設。そこを基盤にして、それまで『明治百年』（一九六八年放送）などのシリーズ番組ではすでにとられていた、企画毎に制作チームを組むプロジェクト方式を単発企画でも活用することにした。そうして誕生したのが『ＮＨＫ特集』である（小林紀興『「ＮＨＫ特集」を読む――看板番組はこうして作られる』光文社、一九八八年、二二五―二三〇頁）。

したがって『ＮＨＫ特集』ではあらかじめテーマに制約はなく、基本的になにをやってもよかった。ただ企画採用の際の基準として、実験性とスクープ性の二点があるかは吟味された。そしてこの二点を集約したフレーズである「サムシング・ニュー」が、番組の合言葉になっていく。

この構想は成功し、『ＮＨＫ特集』からは数多くの話題作、名作が生まれた。

まだフィルム時代だった当時に最新の小型VTRを駆使して僧侶たちの修業生活を収めた『永平寺』（一九七七年放送）や、素人の起用など既成の作劇手法をとらない佐々木昭一郎独特の演出による異色ドラマ『川の流れはバイオリンの音』（一九八一年放送）のような実験作がある一方で、倒産した総合商社・安宅産業の泥沼的海外融資の実態に迫った『ある総合商社の挫折』（一九七七年放送）などスクープ性の高い作品もあった。またNHKならではの長期取材を敢行して放送された紀行シリーズ『シルクロード』（一九八〇年放送）は、社会現象的ブームを巻き起こした。

ところが、押しも押されもせぬ局の看板番組となった『NHK特集』も、一九八九年三月、平成を迎えるとともに幕を閉じることになった。それに代わり登場したのが、一九八九年四月から現在も続く『NHKスペシャル』である。

とはいえ、番組制作のスタイルは変わらない。プロジェクト方式をとり、テーマもジャンルを問わないのは、『NHKスペシャル』も同様だ。番組開始直後の六回にわたる大型シリーズ企画『驚異の小宇宙　人体』（一九八九年放送）もそうで、最新の科学的知見に基づく人体のメカニズムを、CGなどを織り交ぜながら鮮やかに表現した映像が評判になった。

ただ『NHKスペシャル』が『NHK特集』と違っていたのは、番組編成の柔軟さである。

当時、NHKスペシャル番組部長として陣頭指揮をとった北山章之助は、「スペシャル番組とは編成だ」という考えのもと、日曜の放送枠以外はテーマや内容によって放送日時や長さを決める方針を打ち出した。そのことを宣言する意味合いも込めて、一九八九年四月第一週には、六日間連続で『NHKスペシャル』を放送。そのなかには、原発問題を真正面から扱った『いま原子力を問う』が含まれていた（読売新聞芸能部『テレビ番組の40年』日本放送出版協会、一九九四年、四九六—四九八頁）。このケースからも、大胆編成とジャーナリスティックな内容の相乗効果が目論まれていたことがうかがえる。

NHKは「体制内ニッチ」、テレビ東京は「体制外ニッチ」

こうした『NHK特集』と『NHKスペシャル』の違いは、NHK的なニッチ狙いの特徴をよく物語っているように思える。それはすなわち、巨大組織としてのアドバンテージを生かした堅固な基本フォーマットは崩さず、そのなかで新たな可能性を模索するスタイルである。プロジェクト方式はそのままに、番組編成で新たなインパクトを打ち出そうとした『NHKスペシャル』は、その好例である。

同じことは、NHKの看板長寿番組である『NHK紅白歌合戦』、大河ドラマ、朝の連続テレビ小説などにも当てはまるだろう。

たとえば、マンネリの象徴のように言われる『紅白』も、男女対抗という基本フォーマットは堅持される一方で、平成とともに二部制が導入され、流行歌以外の童謡やクラシックも選考対象になるなど、よく見るとかなり大胆な変更を繰り返しおこなってきている（太田省一『紅白歌合戦と日本人』（筑摩選書、二〇一三年）を参照）。また大河ドラマも史実に基づく歴史ドラマとしてのフォーマットは崩さない一方で、戦国時代や幕末の英雄を主人公にする路線から別の時代を舞台にしたり、女性を主人公にしたりするなど模索を続けている。さらに朝の連続テレビ小説も、戦争を挟んだ女性の一代記ものという定型があるが、近年は『あまちゃん』（二〇一三年放送）や『ひよっこ』（二〇一七年放送）のように、同じ女性が主人公でも定型にとらわれない作品で評価を得つつある。

要するに、NHKの場合は、「体制内ニッチ」という言い方ができるだろう。自らが作り上げた定番的フォーマットという〝体制〟を保持しつつ、そのうえでそのなかに隙間を見出そうという手法である。

本章の冒頭でふれた『チコちゃんに叱られる!』にも、そのような手法の一端は感じ取れる。

この番組の肝であるチコちゃんというキャラクターの基本設定は、制作プロダクション・共同テレビジョンに所属していた番組プロデューサー・小松純也(現在はフリー)のアイデアによるものである。小松は、フジテレビ『ダウンタウンのごっつええ感じ』や同じくウッチャンナンチャン出演の「笑う犬」シリーズの演出・プロデュースを手掛け、九〇年代のバラエティ番組をリードしたテレビ制作者のひとりである。つまり、NHK伝統の教養クイズバラエティの定番的フォーマットをベースに、キャラクター設定などの隙間の部分に民放のバラエティのエッセンスを注入したのが『チコちゃんに叱られる!』ということになる。

それに対し、テレビ東京の場合は、同じニッチ狙いでも「体制外ニッチ」である。定番的フォーマットそのものから外れたところに活路を見出してきたのが、ここまでも繰り返し述べてきたテレビ東京の伝統である。「素人」の凄さをメインにした『TVチャンピオン』のような番組にしても、また脱力感あふれる「ユルさ」を醸し出す『モヤモヤさまぁ~ず2』のような番組にしても、いずれも視聴者参加番組や散歩番組の定型から外れた一種の余白の部分に可能性を見出そうとする、脱フォーマットへのこだわりから生まれてきたものだ。

テレビ東京にいた頃、田原総一朗は、予算にしても人員にしても圧倒的な優位に立つNHKの存在を目の当たりにし、「とにかくマンモスNHKができないことは何かと懸命に考え、テレビの路地裏を必死に模索した」(前掲『テレビ仕掛人たちの興亡』、二二九頁)と述懐する。「テレビの路地裏」とはまさに、NHKが中心となり、物量にモノを言わせて開発したビル街のような番組群が聳え立つ、その隙間を表現したものだろう。テレビ東京は、NHKの入ってこられない路地裏をずっと発見しようと苦闘してきたのである。

ただ、ここまで述べてきたように、NHKにはNHKなりの自己変革としてのニッチ狙いの歴史がある。そして、『NHKスペシャル』に始まって現在の『チコちゃんに叱られる！』が象徴するように、平成になってその傾向は一段と強まっているように見える。その点、NHKとテレビ東京は番組作りのスタンスにおいて接近の度合いを強めていると言えるだろう。

『山河燃ゆ』と『二つの祖国』

そうしたNHKとテレビ東京の関係が垣間見える最近の興味深い例を紹介したい。

二〇一九年三月二三日と二四日の二夜連続で、「テレビ東京開局55周年特別企画 ドラマスペシャル」と銘打ち、『二つの祖国』が放送された。主演は、本作がテレビ東京のドラマ初主演となる小栗旬である。原作は山崎豊子の同名小説。戦前、戦中、戦後を通じて、その出自ゆえに日本とアメリカという二つの国の狭間に立たされ、歴史の波に翻弄された日系アメリカ人二世たちの運命を描いた群像劇である。

実はこの山崎豊子の小説は、NHKの大河ドラマの原作にもなったことがある。松本幸四郎（現・松本白鸚）の主演で一九八四年に放送された『山河燃ゆ』である。

それまで大型時代劇の流れを引き継いでほとんどが戦国、江戸、幕末時代を舞台としていた大河ドラマにあって、この『山河燃ゆ』は、番組史上初めて第二次世界大戦の時代を舞台にした作品だった。すなわち、これもまた「体制内ニッチ」のひとつの試みであった。「史実をベースにした歴史ドラマ」という大河ドラマの基本フォーマットはそのままに、新たな可能性を導き出そうとしたのである。

『山河燃ゆ』で製作総指揮として番組に携わった近藤晋は、従来の武将ものの歴史物語の安定感や

『草燃える』（一九七九年放送）や『おんな太閤記』（一九八一年放送）のような女性を主人公にする視点の転換の意義を認めつつ、それだけでは若者層から広がり出した〝大河離れ〟に歯止めをかけることは難しいと考えた。そこで「『近代』という新たな『時代と視点』に踏み切り、そこに生きた人物を『日本人論』の手法で展開する、という『大河』流域の拡充」を図ることを決断する（近藤晋『プロデューサーの旅路――テレビドラマの昨日・今日・明日』朝日新聞社、一九八五年、二九七―二九八頁）。その第一弾として『山河燃ゆ』が制作され、さらにその翌年には『春の波涛』、翌々年には『いのち』と、「近代大河三部作」と称されるシリーズが生まれることになった。

一方、テレビ東京による『二つの祖国』は、思いもかけないところにニッチを見出した。二夜連続計五時間にわたって放送されたこの作品は、実際に極東軍事裁判に使われた建物で初めて撮影をするなど、歴史的リアリティを出すことにもこだわっている。そのなかで主役の小栗旬、さらにムロツヨシ、多部未華子、仲里依紗らの演技もそれぞれに見応えがある。その限りでは、正統派と言っていい歴史ドラマの作りだ。

ところが、きわめて意外だったのが使用されたBGMだった。イーグルスの「デスペラード」やビートルズの「カム・トゥゲザー」などの洋楽がシーンに合わせ、全編にわたって流れる。いうまでもなく、それらの曲が流行った時期は、物語の時代とはまったく異なる。ビートルズに至ってはイギリス出身であり、アメリカと直接の関係はない。

この試みには新鮮さを感じる視聴者がいる一方で、大河ドラマ的な定番を期待する視聴者には、強い違和感を覚えさせた。SNSには、「音楽ばかり気になって物語に集中できない」など、そのように不満を訴える書き込みも相次いだ。

しかしながら、テレビ東京というテレビ局が培ってきたスタイルという観点から言えば、この大胆なBGMもまた、テレ東らしいニッチ狙いであったと言えるだろう。

音楽はドラマを形づくる重要な要素のひとつだが、通常はあくまで映像を引き立てる脇役的な存在であり、これほど自己主張することはまれだ。だがこのドラマのプロデューサーである田淵俊彦は、すでに多くの日本人にとって遠い過去のことになりつつある戦争体験について、若い世代がいますぐには理解できなくても後々まで印象に残るような作品にするため、批判が出るのを承知であえてこのような「禁じ手」を使ったとインタビューのなかで述べている（「ドラマ『二つの祖国』プロデューサーが使った「禁じ手」『ORICON NEWS』二〇一九年三月二三日付け記事（https://www.oricon.co.jp/news/2132139/full/））。つまりここにも、テレビ東京の伝統であるアイデア勝負の系譜は脈々と受け継がれていたのである。

「やりつくされた感」に抗して

ただし角度を変えて言えば、『二つの祖国』をめぐる反応は、いまやそう簡単に隙間を見つけることは難しい時代になったことを示しているともとれるだろう。BGMの入れ方に工夫を凝らすことが演出上の立派なアイデアであることは疑いない。だがそれは、実際視聴者の反応がそうだったように、それもまた想定内であるとしても、大河ドラマ的な王道に対して奇をてらっただけのものとして受け取られかねない危険をはらんでいる。

一方、近藤晋が掲げた「「大河」流域の拡充」も十分に達成されたわけではなく、その後も大河ドラマにとっての懸案であり続けている。二〇世紀初頭から戦後復興期を舞台とする二〇一九年の最新の大河ドラマ『いだてん〜東京オリムピック噺〜』も「「大河」流域の拡充」の試みのひとつだ。むしろマンネリ化のなかにどう新味を出すかは、一九八〇年代よりもさらに差し迫った課題になっているように映る。

そしていずれにしても、そこには現在のテレビ全体が抱えたある種の閉塞感が浮かび上がるように思える。平たく言えば、それは「やりつくされた感」の広まりである。番組のジャンルを問わず、題材にせよ手法にせよ、すべてはやりつくされ、新しいものはもう生まれないのではないか？　そんな諦念にも似た感覚が、制作者の側にも視聴者の側にも少しずつ、だが確実に浸透しているように感じられる。

そうしたテレビ全体を覆う空気に対し、NHKとテレビ東京は、それぞれのニッチ狙いのスタイルを武器に抵抗しようとしている。その共通した挑戦者としての姿勢が、両極の関係にありながら二つのテレビ局をどこか似ているように思わせるのに違いない。

8 テレ東支持の構造

――テレビの外側の「リアル」の彼方へ

ここまで分析編の三つの章では、テレビ東京の番組に共通する「ユルさ」の魅力、テレビ深夜帯の活況へのテレビ東京の貢献、さらにはNHKと比較した場合のテレビ東京の「ニッチ」狙いの特徴についてそれぞれ見てきた。ここに歴史編で述べたテレビ東京のこれまでたどってきた道筋についての知見と併せれば、テレビ東京というテレビ局をトータルに理解するうえで必要最低限の材料は揃ったのではないかと思う。

そこで分析編最後となるこの章では、ここまでの記述や知見を踏まえたうえで、テレビ東京が支持される構造をより深く掘り下げてみたい。

戦後を生き延びた「テレビっ子」

「テレビっ子」という言葉ももはや死語かもしれない。まったく使われなくなったわけではないが、あまり日常で耳にすることはなくなった。

少し調べてみると、そもそもの発端は一九五八年あたりにあるようだ。当時テレビが子どもに及ぼす影響について積極的に発言していた教育心理学者・波多野完治が「テレビチャイルド」の訳語として

「テレビっ子」を用いたのが、一般に広まったきっかけとされる（榊原昭二『現代世相語辞典』柏書房、一九八四年、四五頁。また波多野完治「テレビっ子の心理学」（『波多野完治全集8』（小学館、一九九一年）所収）、佐藤卓己『テレビ的教養――一億総博知化への系譜』（NTT出版、二〇〇八年）も参照）。テレビチャイルドとは「テレビの前に釘づけになっている子供」の意で、一九五八年の日本の流行語にもなった（小林信彦『現代〈死語〉ノート』岩波新書、一九九七年、三四頁）。日本よりも早くテレビ放送が始まっていた欧米の言葉が輸入されたのである。

一方で、同じく欧米発祥の「テレビジプシー」なる言葉も存在した。こちらは「テレビのある場所をたずねて渡り歩く子ら」（前掲『現代世相語辞典』、四五頁）を表したもので、たとえば力道山のプロレス中継を見るためにテレビのない家庭の子どもたちが近所のテレビのある家に集まって熱狂したことなどは、これに当てはまるだろう。それは、テレビが一般に普及する以前の草創期ならではの現象であった。

その後、一九五九年の皇太子ご成婚をきっかけにテレビは爆発的な普及期に入る。さらには一九六四年の東京オリンピック開催が、拍車をかけた。もちろんその背景には、高度経済成長期に入った日本経済の活況、そしてそれに伴う平均的生活水準の上昇があった。そのなかでテレビが「一家に一台」の時代になり、必然的に「テレビジプシー」という言葉も使われなくなった。

それに対し「テレビっ子」のほうは、その後意味の変遷がありながらも長く生き延びることになる。一九五〇年代後半から一九六〇年代のテレビ草創期においては、「テレビっ子」は否定的なニュアンスで使われることが多かった。生まれたときからテレビがある子どもたちは、その影響を無自覚に受けすぎるのではないか。そうした子どもの成長過程に及ぼす悪影響への懸念が、テレビがない時代に育った当時の親世代にはあった。

そしてその親たちの不安は、一九五七年頃から評論家・大宅壮一によって唱えられ始めた「一億総白痴化」説によって、ある意味お墨付きを与えられることになる。「テレビを見ているとバカになる」という言説がまことしやかに信じられるようになったのである。それを受けてPTAは、野球拳が人気を呼んだ『コント55号の裏番組をぶっとばせ!』(日本テレビ系、一九六九年放送開始)を「低俗番組」と批判し、一九七八年からは日本PTA全国協議会が「子どもに見せたくない番組」を毎年発表するなど、テレビ批判の文脈で積極的な役割を果たしていくことになった。

だがテレビの存在を当然のものとして育った「テレビっ子」たちは、そうした親世代の心配をよそに、年齢を重ねるとともにテレビとの関係をよりいっそう親密なものにしていったと言える。

その顕著な表れが、一九七〇年代の視聴者参加番組の隆盛である。テレビの開始時から『NHKのど自慢』など視聴者参加形式の番組は数多く存在したが、この時期の特徴は、『プロポーズ大作戦』や『ラブアタック!』(いずれもテレビ朝日系)など大学生を中心とする「若者」が主役になったことだった。つまり、かつて「テレビっ子」と呼ばれた世代が二〇歳前後となり、今度はテレビに自ら出演するようになったのである。

そうした流れのなかで、一九八〇年代になると「テレビっ子」は無条件に肯定されるとまではいかないものの、比較的ニュートラルな意味合いで用いられるようになる。つまり、テレビが好きであるという個人の嗜好を事実として指し示す表現になるのである。「自分はテレビっ子です」というような自己紹介が、特別なニュアンスを帯びることなく通用するようになった。

その変化は、テレビのなかの演者の行動規範が社会全体に浸透するようになったことと表裏一体であった。平たく言えば、テレビのなかの出演者の振る舞いを視聴者が自らの生活のなかで真似するようになるのである。その中心にあったのは、笑いであった。視聴者は、テレビで目にするお笑い芸人たちのコミュニケーションのパターンを積極的に自らの生活のなかに取り入れた。それは、日常そのもののなかに存在するメディアであるテレビならではの影響のかたちであった。

一九八〇年代初頭のフジテレビを中心に起こった漫才ブームとは、そのような意味において単なる芸能史的な出来事ではなく戦後日本社会に起こったコミュニケーションモードの変革だった。それまではプロの芸人の専門技術であったボケとツッコミ、さらにはノリツッコミやキャラいじりなどを視聴者である「素人」が学習し、自らのコミュニケーションのなかで実践しようとするようになった。実際、一九八〇年代中盤には、「フジテレビ的なノリを日常生活にまで持ち込んじゃう連中」である「CX族」(「CX」とはフジテレビのコールサインJOCXからとったもの)と呼ばれる人びとも登場した(フジテレビ調査部編『楽しくなければテレビじゃない――80年代フジテレビの冒険』フジテレビ出版、一九八六年、一頁)。

また一九八〇年代になると制作者の側も代替わりし、「テレビっ子」の世代になろうとしていた。一例を挙げれば、学生時代から放送作家としてテレビに携わり、一九八〇年代後半にアイドルグループ・おニャン子クラブの作詞・プロデュースで一躍時代の寵児になった秋元康は一九五八年生まれ。やはり「テレビっ子」の世代に属していた。

趣味のコミュニティ――テレビと社会の関係が逆転した平成

つまり、この時期「テレビっ子」であることが日本人の初期設定であるかのような状況が現出した。そしてそのなかで、テレビを通じて学習される笑いのコミュニケーションを基盤にした「内輪感覚」が社会全体で共有されるようになる。

そうした内輪感覚を下支えしたのが、戦後の経済復興がもたらした「一億総中流」意識である。敗戦後の復興から高度経済成長に至るプロセスのなかで、自分の生活水準は全体のなかで「中」程度であるという意識が広範に共有されるようになる。テレビは、その生活水準を証明してくれる代表的な消費財であると同時に、同じ時間に同じ番組をみんなが見ているという一体感や安心感を醸成し、内輪感覚を強化してくれる文化装置でもあった。そのことを物語る代表的番組が、一九六〇年代から八〇年代前半にかけて七〇~八〇パーセント前後の驚異的視聴率を記録し続けた『ＮＨＫ紅白歌合戦』であることは言うまでもない。

ところが、平成になると状況は一変する。

国内ではバブル崩壊とともに不況が長期化、世界では冷戦が終結して国際情勢が流動化する。そしてそのような時代状況のなかで、一九九五年に阪神・淡路大震災、地下鉄サリン事件が相次いで起こったことで、「一億総中流」を達成して安定していたはずの日常が足元から揺らぐ感覚を私たちは味わうことになった。さらに二〇〇〇年代以降になると、「勝ち組」「負け組」など格差意識もじわじわと浸透していく。

こうして国内外の事情が混迷の度を深めるなかで、私たち日本人は改めて自分たちの生きかたを根本から考え直さざるを得なくなった。経済成長という共通の目標を社会が掲げ、その目標のために敷かれたレールから外れないようにしていれば人生を保証された時代は終わった。その結果個としての自由がより尊重され、個人の選択の幅は広がった。だが一方で、社会から保護されているという安心感は失われた。一言で言えば、将来に対する漠然とした不安。それが平成という時代の基本的トーンになった。

そのとき高度経済成長と一心同体の関係にあったテレビもまた、自らのありかたを見つめ直すことを余儀なくされた。

「一億総中流」意識を前提にしていた昭和のテレビの基本的役割は、視聴者に一時の気晴らしを提供することだった。経済成長に向かって勤勉に働き、あるいは勉強に励むそれぞれの国民に対して気分転換のための娯楽を提供し、一家団欒の幸福を実感させてくれるもの。要するに、性別や年齢を問わない最大公約数のためにあるのがテレビであった。

しかし、平成におけるテレビの役割は、一八〇度と言っていいほど変わった。個としての生きかたが鋭く意識され始めた時代のなかで、最大公約数の視聴者ではなく、少数ではあっても熱心な視聴者に支持されるような番組がより存在感を発揮するようになる。一言で言えば、よりマニアックな視点が求められるようになったのである。

そこでクローズアップされるようになったのが、趣味の世界、そして趣味を基盤にしたコミュニティである。

いうまでもなく、趣味を同じくする人たちが集まって作るサークルは古来存在する。だがそれは、少なくとも昭和期にあっては、社会から切り離されたところに成立するものだった。漫画やアニメについてのとりわけ熱心なマニアが評論家・中森明夫によって「オタク」と命名されたのは一九八〇年代前半のことだったが、その後「オタク」という表象は、その〝社会性の欠如〟のイメージによって長らくネガティブなニュアンスを帯びることになった。

ところが、近年「オタク」という存在は、すっかり市民権を得た印象がある。テレビにおいてもオタク文化にスポットライトを当てた番組の増加は著しい。さまざまなマニアックなコレクターや愛好家が登場して、自分の好きなものへの偏愛や蘊蓄を語るスタイルの番組は、いまやテレビにとって欠かせないものになっている。

そうした場合、『マツコの知らない世界』（TBSテレビ系、二〇一一年放送開始）のように一般人が登場することも多いが、芸人やタレントを使うことによってよりエンターテインメント性を高める場合も少なくない。テレビ朝日『アメトーーク！』（二〇〇三年放送開始）はそうした番組の代表格と言えるだろう。また『タモリ倶楽部』（テレビ朝日系、一九八二年放送開始）や『ブラタモリ』（NHK、二〇〇八年放送開始）におけるタモリも同様である。

第6章でも述べたが、とりわけ一九七〇年代にデビューしたタモリの立ち位置の変化は、象徴的である。知的ではあるが、イグアナの物真似など変わった芸をする怪しげな「密室芸人」という当初のタモリのイメージは、平成になって洗練された「趣味人」のイメージへと劇的に転換した。それはそのまま、昭和から平成への視聴者の嗜好の変遷でもある。

より大きな文脈で言うと、以上のようなマニアック志向の台頭は、昭和から平成へと移るなかでテレビと社会の主従関係が逆転したことと関係しているように思える。

平成の日本人が抱え込むことになった漠然とした不安は、社会における基本的なコミュニティの綻びが顕在化したことの結果でもある。すなわち、少子高齢化や都市化の進行とともに、家族や地域のような血縁や地縁をベースにした従来型のコミュニティにさまざまな機能不全の兆候が表れたのが平成の日本社会であった。

そのなかで、昭和においては「一億総中流」意識の土台でもあるそれらのコミュニティに支えられていたテレビが、平成になり今度は社会のためにコミュニティを発見し、提供する役割を担い始めた。その典型が、趣味のコミュニティなのではあるまいか。

ただし、こうした趣味を基盤にした「場」の創出は、テレビの専売特許ではない。むしろインターネットのほうが、テレビに比べて個人での発信が容易なネットワークメディアである分、より簡単に同好の人びとの集まる「場」を生み出すことができる。ユーチューバーの人気は、その端的な証しである。その意味では、一九八〇年代に成立した「日本人＝テレビっ子」という初期設定も、もはや当たり前ではなくなっている。

よりマニアックに――インターネットの普及のなかで

近年におけるこうしたインターネット（以下、「ネット」と表記）の台頭の直接の出発点は、一九九〇年代中盤くらいにさかのぼる。

一九九五年は、先述のように平成日本の流れを決定づけるような大きな出来事が相次ぐと同時に、日本のネットの歴史にとっても転機となった年だった。

一月の阪神・淡路大震災発生時において、被害情報の共有や安否確認などにネットが活用され、注目を浴びた。そして同年一一月、日本でWindows95が発売され、それまで限られた範囲にしか普及していなかったネットが一般のユーザーにも急速に広まり始める。「インターネット元年」とされるゆえんである。

そしてテレビ局とネットの関わりもまた、そのあたりから本格化し始めた。

テレビ東京は、早速一九九五年に局のホームページを正式オープンしている。一九九八年には参議院選挙の開票速報、さらに隅田川花火大会のネットでのライブ中継をおこなった。そして一九九九年に携帯電話の・iモードサービスが開始されると、各テレビ局はモバイルビジネスを活発化させていく。テレビ東京も同年、「インターネット部」を新設し、二〇〇一年には「てれともばいる」をスタートさせた（株式会社テレビ東京編『テレビ東京史 20世紀の歩み』テレビ東京、二〇〇〇年、一三三頁。テレビ東京社史編纂分科会編『テレビ東京50年史』テーマ史編、テレビ東京、二〇一四年、三一八―三一九頁）。

こうしたテレビとネットの連携は、二〇一〇年代に入りスマホやタブレットが普及したことで、いっそう発展しつつある。通信の高速化技術の進歩などによって、そうした機器で手軽かつ快適にテレビ番組の視聴をすることも可能になった。

テレビ東京でも有料動画配信サービスとして「テレビ東京オンデマンド」（二〇一一年開始）や「テレビ東京ビジネスオンデマンド」（二〇一三年開始）を立ち上げた（前掲『テレビ東京50年史』テーマ史編、三一九頁）。また二〇一八年には、TBS、WOWOWなどと共同で運営する定額制見放題のサービス・Paraviがスタートしている。さらに在京キー局共同による無料配信サービス・TVer（二〇一五年開始）もあり、テレビとネットの連携は個別のテレビ局の枠を超えたものになりつつある。

こうしたなかで、テレビの映像は、連続した流れのなかで視聴する「番組」というよりも、それぞれ独立した作品として視聴する「コンテンツ」になりつつある。角度を変えて言えば、なにをいつどのように見るかは、ますます視聴者の主導権に委ねられるようになっている。

視聴者の選択権は、当初は決められた番組編成のなかでせいぜいチャンネルを選ぶ程度のものだった。それが、家庭用ビデオデッキやハードディスクレコーダー、さらにはスマホやタブレットの普及という段階を経て、いまや視聴者が自分の好きな場所で好きな時間に好きな番組を見ることが可能な環境が整っている。その限りにおいては、テレビはネット動画と並列的に存在するもの、ひいては動画コンテンツのなかのひとつという位置づけになっていると言っても過言ではない。

では、そうした状況のなかでテレビはどう独自性を発揮すればよいのだろうか？

繰り返しになるが、昭和までは有効だった最大公約数の視聴者に向けた番組作りはもはやそう簡単ではない。それゆえ平成のテレビは、マニアックな視聴者層により深く支持されるような番組作りに向かった。

テレビ東京では、平成になったばかりの一九九〇年に『クイズ！タモリの音楽は世界だ』がスタートしている。

この音楽クイズ番組は、先述したタモリの「趣味人」としての側面をいち早く番組として具現化したものと言える。

歴史編で述べたように、タモリ自身テレビの初レギュラー番組は、同じテレビ東京（東京12チャンネル）の『チャンネル泥棒！快感ギャグ番組！空飛ぶモンティ・パイソン』（一九七六年放送）だった。だがデビューしてまだ間もないそこでのタモリは、「四か国語麻雀」やイグアナの物真似を披露する「密室芸人」だった。ところがこの『クイズ！タモリの音楽は世界だ』では、大学時代モダンジャズ研究会に所属し、自身もトランペットを演奏する音楽愛好家としての一面が前面に出ている。

この番組で出題される音楽クイズ自体も、とてもマニアックなものだ。歌謡曲などの流行歌に限らず、クラシック、洋楽、果ては世界各地の民族音楽など、実に多岐に亘るジャンルの音楽が取り上げられる。また番組の目玉クイズだった「デジタモドン」は、早回し、遅回し、逆回し、転調などで再生される楽曲名を当てるという、単純なイントロクイズとも異なるこれまたマニアックなものだった。一方スタジオには生バンドがいて、BGMもそのバンドが生演奏するなど、クイズ番組というよりは上質の音楽番組の趣があった。

いうまでもなくこれもまた、テレビ東京伝統のニッチ狙いのバリエーションのひとつである。テレビ東京は、戦後高度経済成長期の開局時から一貫してニッチ狙いの番組作りをしてきた。ただそこには、まだ番組制作の主流だった最大公約数狙いではどうあがいてもNHKや他の在京キー局に勝てないというある種の諦めのような感覚があった。その意味では、やむを得ないニッチ狙いだったわけである。

ところが平成では、先ほどふれたような社会の根本的な動揺によって、最大公約数狙いというテレビの基本、ひいては「中心＝NHKと他の在京キー局」と「周縁＝テレビ東京」という構図が崩れ始めた。そのなかで、テレビ東京のニッチ狙いは、既存の番組作りでは太刀打ちできないことから生まれる消極的戦略ではなく、テレビのフロンティア開拓のための積極的戦略になる。

そうしてテレビ東京は、「番外地」ではなくテレビの最前線に立つことになったのである。

「リアル」を探し求めて——最前線に立つテレビ東京

いわばそれは、テレビの内側にある隙間を狙うのではなく、テレビの外側にある現実の隙間を狙う制作スタイルへの転換であった。クイズ番組ならクイズ番組の既存のフォーマットにひねった発想や新しい趣向を盛り込むのではなく、テレビの外にある現実との新たな関わりかたを見出す。その開拓者としての使命を、他のテレビ局にはない、ニッチ狙いの長い歴史を持つテレビ東京が引き受けることになったのである。

ここで重要になるコンセプトが、「リアル」ということである。

ここで「リアル」と現実とは、似ているがイコールではない。「リアル」とは、私たちが慣れきってしまい、わかったつもりでやり過ごしている現実のなかに潜む「生々しさ」である。それは、人びとの剝き出しの感情や本音、表情やしぐさとして、なんらかの条件が整ったときに無意識にこぼれ出たり、あふれ出たりするものだ。それを可視化させるには、現実の隙間に光を当て、その姿を浮き彫りにするアイデアを考え、工夫をしなければならない。それがこの場合のニッチ狙いということである。たとえば、『TVチャンピオン』の「大食い選手権」は、そうしたリアルを見せるニッチ狙いの確かな成果だ。

繰り返しになるが、この番組に登場する大食い自慢たちは、プロレスラーや大相撲の力士のような、見るからに大食そうな風貌をしているわけではない。むしろ一見どこにでもいそうなごく普通の人びとである。そのことは、サラリーマンやOLとして、主婦として、あるいは学生としての普段の生活を絡めて紹介する出場者VTRでさらに印象づけられる。また番組中で食べるものも、ラーメンや餃子といった誰にもおなじみの食材が基本だ。それらはいわば、〝日常〟を強調する演出である。

この演出は、実際競技が始まったときの出場者たちの圧倒的な食べっぷりとのギャップを際立たせるうえで、最大限の効果を発揮する。『TVチャンピオン』の大食いは、他局の類似企画に比べてとてもシンプルだ。規定時間内にひとつの食材を他のライバルたちよりも少しでも多く食べること。それがすべてである。だがそれゆえに、ごく普通の人に見えた出場者たちが、あるひとは終始ポーカーフェイスで、あるひとは苦悶の表情を浮かべながら、ライバルたちに少しでも勝ろうとただただ驚異的な量を食べ続ける姿に日常を超えた凄みを感じ、その「生々しさ」に感動すら覚えるのである。

また『YOUは何しに日本へ?』や『家、ついて行ってイイですか?』などにも、本質的に同じことが言えるだろう。

両番組の基本は、タイトルの「?」が示すように一般人へのインタビュー番組だ。だが、ただ単に街に出てインタビューしたりするだけでは、現実の「生々しい」部分は見えてこない。テレビカメラの前でマイクを向けられて質問されたらこう答えるという差し障りのない〝お約束〟を人びとはすでに学習済みだ。それゆえインタビューをよりリアルなものにするにもやはり、アイデアや工夫が必要になってくる。

まずポイントは、インタビューのシチュエーションの選択である。『YOUは何しに日本へ?』では、外国人が海外から到着したばかりの空港、そして『家、ついて行ってイイですか?』では、最終電車が出てしまった後の深夜の駅周辺。つまり、日常そのものではないが、だからと言ってまったくの非日常でもない両義的な、いわば狭間のシチュエーションである。

言い換えれば、それは日常と非日常の中間にある余白のようなものだ。そして番組スタッフとカメラは、そんなエアポケットのような状況であるからこそ起こる未知の出来事を目撃するため相手について行く。そして実際、そこに多様な人たちの多様な生き様が浮かび上がる。第5章で取り上げた『YOUは何しに日本へ?』のスペイン人家出青年や『家、ついて行ってイイですか?』の仙人のような生活を送る男性は、そうした人たちの一部だ。

テレビは往々にして、ステレオタイプなイメージをなぞる。だが実は、どんなに普通そうなひとも、そうしたステレオタイプから外れる部分やそれに収まりきらない過剰な部分を抱えている。それはぱっと見には意外に気づかない。だが、ふとそれが顔をのぞかせる瞬間、一種の隙間がある。『TVチャンピオン』、『YOUは何しに日本へ?』、『家、ついて行ってイイですか?』などの番組が私たちを惹きつけるのは、そうした隙間を照らし、現実の「生々しさ」を垣間見せてくれるからだ。そのとき私たち視聴者は、そこにリアルを感じるのである。

「リアル」と社会——テレビ東京の前に立ちはだかるもの

しかし、テレビ東京がニッチ狙いの精神で外の現実と関わろうとするとき、難しい問題に直面する場合もある。

たとえば、二〇一七年から放送されている『緊急SOS！池の水ぜんぶ抜く大作戦』（以下、『池の水ぜんぶ抜く』と表記）にはそのような側面がある。清掃もされず長期にわたって放置されたままの池の水を全部抜き、そこになにが潜んでいるのか調査するこの番組、徐々に面白いという評判が広まって視聴率も急上昇し、第六回の放送では一三・五パーセントを記録。一躍看板番組のひとつに成長した。

まさにテレビ東京ならではのアイデア勝負のお手本のような企画である。内容そのものは実にシンプルだ。出発点にあるのは、「あの池のなかには一体なにがいるんだろう？」というふと湧き起こった素朴な好奇心。それをいざ実行に移すことは、たとえ個人では無理でもテレビ局であれば可能だ。だが普通は、テレビ局もそれをわざわざ番組にしようとはしないに違いない。ところがテレビ東京は、本当に番組にした。

そして実際、水を抜いたときに日常何気なく見ている池のなかには想像以上の世界が広がっていることがわかる。水を抜かれた池からは、さまざまなもの（時にはお宝）、さまざまな生物が発見される。なかでもクローズアップされるのが、外来種の存在だ。外来種が在来種の生態系に大きな変化をもたらし、外来種の繁殖力に圧倒された在来種が絶滅の危機に瀕していることが目の当たりになる。

そこにもやはり、リアルのひとつのかたちがある。ただしこの番組で出会うリアルとは、『YOUは何しに日本へ?』や『家、ついて行ってイイですか?』などのような個人の人生というよりは、社会のありかたである。そこがこれまでのテレビ東京のバラエティにあまりなかった部分だと言えるだろう。

すなわち、元々国内には生息していなかった外来種の増殖は、基本的に社会の変化がもたらしたものだ。ペットブームの過熱により、ペットを飼いきれず捨ててしまうなどモラルが問われる状況がある。また人や物の移動が国境を越えて活発になり、ペットとしてではなくてもさまざまなルートで元々生息していなかった生物が国内に入ってくるようになった。そしてそうした状況とも連動して、国際的な環境意識の高まりやそれに伴う条約の締結、法整備の進展などがある。

そうした複合的な状況を背景に起こっているのが、池における生態系の変化、そしてそのことを問題視する社会のまなざしということになる。『池の水ぜんぶ抜く』は、望むと望まざるとにかかわらず、そうした現在の社会のリアルにふれているのである。その結果、その状況をどう扱うかについての姿勢をその水準で問われる可能性を常に抱えることになる。

とはいえ、『池の水ぜんぶ抜く』はあくまでバラエティであり、ある種のエンタメ的演出が不可欠だ。たとえば、外来種のなかでも生態系の変化にはなはだしい影響を与える生物や特別巨大な生物などはあたかも「ラスボス」のように紹介され、それを発見、駆除することが番組の大きなクライマックスとしてナレーションやテロップ付きで盛り上げられる。

もちろん外来種の駆除は必要なことであり、また外来種の保護にも一定の配慮がなされていることが出演する専門家の話やVTRなどで番組中に紹介される。だが、全体のトーンとしては外来種との〝対決〟色が強調される。そうしたエンタメ化は、先ほどふれたような社会のリアルな面を逆に見えにくくしてしまう可能性がある。

おそらくこれは、この番組だけの特殊な問題ではない。バラエティ全般がドキュメンタリー的手法を前面に出し始めた一九九〇年代以降、常にはらまれてきた問題だ。そしてドキュメンタリー的手法をベースにニッチを狙えば狙うほど、「社会をどうバラエティ化するか」という問題にぶつかる可能性は高くなるだろう。ニッチ狙いの最前線にあるテレビ東京であれば、なおさらだ。

では、ドキュメンタリー的な面白さを狙ったバラエティは、今後どこに向かうのか？　とりわけテレビ東京は、どうするのか？

その点で興味深かったのが、二〇一七年一〇月に第一弾が放送され、ネットを中心に話題になった『ハイパーハードボイルドグルメリポート』である。

この『ハイパーハードボイルドグルメリポート』は、世界の人びとが普段どのような食生活をしているのかをテーマに、世界各地でロケ取材したVTRを流す番組である。だから基本としては「グルメリポート」、つまり「グルメ番組」ということになる。またスタジオにはお笑い芸人の小籔千豊がいて、流れるVTRを見ながらツッコミ的な要素を交えコメントする。そのスタイルも、バラエティではおなじみのものだろう。

ところが、この番組の場合、取材対象になる人びとがかなり異色である。番組内の表現で言うと、「ヤバい人びと」である。内戦の元少女兵で、いまは街中の共同墓地に住みながら売春で生計を立てるリベリアの少女、政情不安の祖国からヨーロッパに入ろうとするも、セルビアで長期の足止めを食う難民の男性、カルト教団の信者たちで作る村に生まれ育った少年、メキシコ系ギャングと黒人系ギャングの激しい抗争が続くなかで命の危険とともに暮らすアメリカの男たち、など。

とはいえこの番組は、そんな極限状況にある人びとや世間から異端視される人びとが置かれている事情をもっともらしく説明したり、感動の場面を用意したりはしない。そうした人びとの日常の暮らしぶりに密着し、インタビューするだけだ。その点に限れば、『YOUは何しに日本へ?』や『家、ついて行ってイイですか?』となんら変わらない。そこにもやはり、将来に小さな夢を抱き、あるいは家族との関係に悩む人間の「生々しい」姿が浮かび上がる。そして同時に日本で暮らしていたのではわからない多様な社会のありかた、そのリアルを目の当たりにする。

ただ、こうしてエンタメ的演出を極力削ぎ落として多様な社会の実情とそこに生きる人たちのリアルを追求し続ければ、「これは果たしてバラエティなのか?」というメタ的な問いも必然的に生まれてくるだろう。そしてその問いに対する明確な答えは、まだどこにもない。

いま、「テレビっ子」はどこにいるのか?——視聴者の成熟とテレビ東京の役割

しかし、そこにはいままで潜在的なままにとどまっていた別のリアルの可能性も見える。すなわち、テレビが人と人とをつなぐメディアである限り、制作者の側から一方的に提示されるのではなく、視聴者とのコミュニケーションの過程において生成するリアルの可能性である。

たとえば、『ハイパーハードボイルドグルメリポート』が放送された際には、制作者側が予想もしなかった視聴者からの反応があったと言う。

それは、売春をしながら生きるリベリアの少女に密着したときの一場面をめぐるものだった。少女は、日々の仕事として体を売ってお金を得る。そのお金が日本円で二〇〇円ほど。そしてその後彼女は、行きつけの食堂に足を運び簡素な食事をする。その料理の値段が約一五〇円。

日本とは単純に比べられないこともあり、どちらの額もそれで妥当なのかどうかわからない。番組側

もそのような状況が悲惨であるとかいったニュアンスはいっさい出さず、ありのままそれを伝えている。だがそれが気になった視聴者が、SNSなどでその金額をどうとらえればよいのか、それぞれ高いのか、安いのか、などについて自分の見解を語り出すということが起こった。

それは番組の企画者でもあるテレビ東京のディレクター・上出遼平も予期していなかった反応だった。上出は、「普通の番組なら「体、安いですねえ」っていうようなナレーションが入ってくると思うんですけど、そういうのを全部なくした結果、考える余地を与えることができて、視聴者の方もスリリングな経験ができたのかなと思ったりしました」とそのときの印象を語る（「ネットで話題『ハイパーハードボイルドグルメリポート』上出Pが語る キーワードは「やさしい」（前編）」、「PlusParavi」二〇一八年七月一五日付記事（https://plus.paravi.jp/culture/000269.html））。

つまりここでは、社会のリアルは、制作者側がパッケージ化して提供するようなものではなく、視聴者側が発見し、さらにはそれについて考えを巡らせる生の素材になっている。

そこには、制作者と視聴者の関係性の「いま」、言い換えればテレビが始まって以来ずっとともにあったテレビっ子の「いま」が見て取れるように思える。

一九八〇年代において、笑いのコミュニケーションを核に日本人全体に内輪感覚が共有されるようになったと先に書いた。たとえばその感覚は、テレビで起こっていることに対して視聴者がツッコむ、というようなかたちで現れる。すなわち、漫才ブームを機に世の中に浸透した「ボケとツッコミ」のコミュニケーションが、テレビと視聴者のあいだでも用いられるようになった。そうすることで、視聴者は視聴者の立場でテレビに〝参加〟している感覚になったのである（このあたりのことについては太田省一『芸人最強社会ニッポン』（朝日新書、二〇一六年）で詳しく論じたことがあるので、そちらを参照してもらいたい）。

ところが一九九〇年代以降、そうした内輪感覚は崩れ始める。これも先述したように、それを支えていた戦後の社会基盤が二度の大震災や長引く経済停滞などによって大きく揺らいだからである。そのなかで私たちのあいだに、いま一度現実を見つめ直そうとする傾向が強まった。

同時に、視聴者としての私たち、つまり「テレビっ子」の嗅覚が感じる「面白さ」の基準も変わった。かつては内輪感覚のなかで「より目新しいもの」が求められた。それが一時的な気晴らしにとって最も重要なものだったからである。ところが一九九〇年代以降平成になると、現実を見つめ直そうとする志向のなかで「より生々しいもの」が求められるようになる。

一九八〇年代までのテレビ東京は、「より目新しいもの」を提供する他のテレビ局との競争のなかで、苦戦せざるを得なかった。そこでは、見た目の刺激で楽しませるスケール感や豪華さといった要素が重要であり、それには予算や人員、最新のテクノロジーやネットワークの規模など動員できるリソースの多寡が物を言ったからである。

一方、「より生々しいもの」をめぐる競争においては、いかに日常の現実のなかにリアルを発見するかが勝負どころになる。それはリソースの多寡には左右されない。現実に切り込む視点、目の付けどころが最も重要になる。それがテレビ東京のアイデア勝負、ニッチ狙いが最も本領を発揮しやすい条件であることはいうまでもない。

そして視聴者もまた、こうした変化のなかで、〝参加〟のスタイルを変えるようになる。テレビのボケに条件反射的にツッコむのではなく、SNSなどのネットメディアも発信のツールとして援用しながら、テレビに映るリアルな現実をとらえて自ら思考するようになり始める。その一例が、先ほどふれた『ハイパーハードボイルドグルメリポート』を見たときの視聴者の反応である。

いまやそのように、視聴者の思考を刺激するものがテレビの「面白さ」として受け入れられるようになりつつあるのではなかろうか。その意味において、視聴者はテレビとの長かった共依存状態から脱し、互いに自立した関係になることを模索しようとし始めている。「テレビっ子」もようやく成熟への道筋を歩き始めたのである。そしてテレビ東京は、間違いなくその先導役を果たしてきたと言えるだろう。

おわりに　「テレ東的なもの」、その本質と可能性

ここまで歴史編、分析編と通してさまざまな側面からテレビ東京について見てきた。では、テレビ東京はこれからどこへ向かうことになるのだろうか？　そしてその行先は、テレビにとってどのような意味を持ち得るのだろうか？

リアルなフィクションへ

平成に入り、リアルを求めるテレビ東京のスタイルは時代の追い風も受け、大きく注目されるようになった。視聴者やマスコミのみならず、他のテレビ局の番組を見ても、「テレ東らしさ」の根幹であるアイデア・企画勝負は、いまや番組制作手法としてスタンダードのひとつになっている感がある。平たく言えば、他局の番組を見て「テレ東っぽい」と思うことも近年増えた。

ジャンル的に、その中心となってきたのはバラエティであった。だが前章の最後でも書いたように、リアルの追求を続ければ、そこにはバラエティという枠には収まりきらないものに遭遇する可能性も高まる。もちろん実際にそうした状況になったとき、それをいかに面白いバラエティとして成立させるかが制作者の腕の見せどころでもある。しかし、それはそう簡単なことではない。

そのとき、もう一度フィクションの力が見直される流れも生まれてくるだろう。

実際、二〇〇〇年代以降のテレビにおいては、全般的にドラマの充実ぶりが目立っていると言える。たとえば、坂元裕二、岡田惠和、宮藤官九郎、古沢良太、野木亜紀子といった一群の脚本家たちが、それぞれの作風を武器に現代社会に一石を投じる作品を生み出してきたことを思い出せば、そのことを納得してもらえるはずだ。

とはいえ、こうした脚本家たちは、社会の矛盾の告発や問題提起を第一とするような、いわゆる〝社会派〟ではない。その作品は、どれも基本的にはまず良質なエンタメである。だが一方でそうした作品は、現実のリアルな状況を踏まえつつ、新たな他者との関係性や生きかたを、フィクションならではの想像力を駆使してひとつのかたちにしてくれる。たとえば、血のつながりなどなくとも家族は成立し得る(坂元裕二オリジナル脚本の『anone』)、また恋愛至上主義的価値観の呪縛から自由になった多様な恋愛や結婚のかたちがあり得る(野木亜紀子脚本の『逃げるは恥だが役に立つ』)、といったようなことだ。それらはいわば、フィクションはフィクションでも「リアルなフィクション」なのである。

経済をドラマにする

そしてテレビ東京もまた、例外ではない。むしろリアルにこだわり続けてきたこのテレビ局であるからこそ、今後はフィクションの力をどう生かすかが重要な鍵になるはずだ。

たとえば経済は、テレビ東京にとって、その意味で新たなフィクションの試みに適した素材のひとつだろう。

歴史編でもふれたように、日本経済新聞の経営参加をきっかけにして、テレビ東京は経済番組に長年にわたって取り組んできた。ただそこには、株式や為替の相場であれ統計であれ、経済の基本は数字であるという難問があった。企業関係者や投資家などに情報として数字を伝えるだけであれば、悩む必要はない。だが経済の仕組みに明るい視聴者ばかりとは限らないことを踏まえるなら、そこにはテレビ局として大いに工夫の余地がある。

その結果として生まれたのが、「経済ドキュメンタリー」である。第4章でもふれたように、二〇〇二年放送開始の『ガイアの夜明け』はその先鞭をつけるものだった。

『ガイアの夜明け』のねらいは、人物に仮託して経済の動きを映像にすることだった。とりわけ普通の会社員や自営業者、就職活動中の学生など無名の人びとにスポットライトを当てることで、経済の大きなうねりのなかでそうした人たちがどう困難を乗り越え、生き抜こうとしているかを伝える。そうであれば多くの一般視聴者も共感しやすく、同時に複雑な経済の動きを理屈ではなく感覚的に理解することが可能になる。そのようにして経済の実態を示すことを、『ガイアの夜明け』をはじめとした一連の経済ドキュメンタリーは目指した。

ただ、それを突き詰めていけばバラエティと同様の課題に直面するだろう。すなわち、経済にまつわる社会のリアルをどう映像化するか、という問題である。たとえば、企業のなかでいま現に起こっている問題やトラブルを事後的には番組にできても、リアルタイムに同時進行で見せることは難しい。また、これからの新しい時代にどう適応していくべきかを大胆に提言することも不可能ではないにせよ、まず事実を伝えることに重きが置かれるドキュメンタリーでは一定の限界があるはずだ。

企業を舞台にした経済ドラマの新設枠「ドラマＢｉｚ」は、そうした課題にフィクションの力で応えようとしたものだと言える。二〇一八年四月から現在（二〇一九年九月）までの時点で、この枠では六作品がこれまで放送されている。第一弾の『ヘッドハンター』では主演に江口洋介、共演に杉本哲太、小池栄子がキャスティングされた。それぞれ『ガイアの夜明け』の案内人、ナレーション、『カンブリア宮殿』のインタビュアーである。その点からも、同じ夜一〇時台に放送されている経済ドキュメンタリーとの密接なつながりが意識されていることがうかがえる。

そのなかから、第三弾として放送された『ハラスメントゲーム』(井上由美子原作・脚本)を見てみよう。この作品では、パワハラ、セクハラ、モラハラ、アルハラ、カスハラなど職場で起こるさまざまなハラスメントを題材にストーリーが進行する。唐沢寿明演じる主人公は、そうしたトラブル対処を受け持つ大手スーパーマーケットチェーンのコンプライアンス室室長。実は彼自身がパワハラの嫌疑をかけられ、左遷された過去があるという役どころだ。

経営の主導権争いが絡むなど物語的な味付けもなされているが、基本は職場の日常で起こりがちなハラスメントの実態とその解決策が、単純な勧善懲悪にはならないように描かれる。そしてその描写を通じて、ハラスメントは自らが意識せずに起こしてしまう可能性のあるものであることが、いたずらに教訓的にならずに知ることができる。それは、職場の実状をその場にいるように映像化できるドラマならではの効用だろう。

『孤独のグルメ』はなぜ成功したか

またテレビ東京は、劇的な要素は極力削ぎ落とし、何気ない日常そのものを描くタイプのドラマを深夜帯中心に数多く作ってきた。

なかでも典型的なのは、「食」を題材にしたドラマである。一九八〇年代『クイズ地球まるかじり』をゴールデンタイムで成功させ、現在のグルメバラエティ隆盛の先鞭をつけたのがテレビ東京であったことは、歴史編でも述べた。二〇一〇年代に入ると、それは新しいタイプのグルメドラマへと発展していく。

その代表が、二〇一二年にスタートした『孤独のグルメ』（田口佳宏ほか脚本）であることに異論はないだろう。原作・久住昌之、作画・谷口ジローによる同名漫画が原作で、主人公の井之頭五郎を演じるのは松重豊。バイプレーヤーとしてのイメージが強かった松重にとって、これが初の連続ドラマ主演作でもあった。

このドラマの大きなポイントは、「食」そのものがもう一方の〝主役〟であることだ。

ドラマの構成は毎回同じで実にシンプル。個人で輸入雑貨の貿易業を営む井之頭五郎が、仕事の依頼や打ち合わせで訪れる街々で食事をする。ただそれだけである。

入るお店は和食からエスニック料理まで多種多様だが、地元の食堂やレストランなどごく庶民的な店であることがほとんどだ。ふらりと入ったそんな店の料理を、五郎は実に美味しそうに食べる。「なんだか、胃袋に新しい歴史が刻まれたようだ」「いいぞいいぞ、食えば食うほど腹が減ってくる」などところの声のナレーションとともにアップになる五郎の愉悦に満ちた表情が、味の魅力を引き立てる。深夜の放送で、なにか食べるのは極力控えたい視聴者にこれでもかと暴力的に食欲をかきたてるその映像に、「飯テロ」や「夜食テロ」なる流行語まで生まれた。

いわば、井之頭五郎を演じる松重豊と毎回登場する料理との〝ダブル主演〟。だがその構図からは、タイトル通り、現代に生きる人間の「孤独」も浮かび上がる。

井之頭五郎は独身。はっきりとした年齢はわからないが、四〇代から五〇代くらいだろうか。仕事絡みで友人が登場することもあるが、私生活はほとんど描かれない。仕事は順調のようで、経済的に困っている様子はない。したがって、仕事の合間の食事場面がメインのこのドラマでは、孤独であることに特にマイナスの印象はない。

だがその印象は、ドラマ中では井之頭五郎が社会から切り離された存在として登場することの効果でもあるだろう。もちろん毎回仕事の場面から始まるという意味では、五郎は社会とつながっている。だがそのことは、ドラマ的には「お腹が空く」ためのほとんど口実にすぎない。仕事を終え、道端で突然空腹を感じ立ち尽くす五郎をとらえたお決まりの効果音付きのロングショットがそのことを強調する。

極論すれば、井之頭五郎は、社会と無縁に生きている。常にひとりだ。だからたとえ孤独であっても、寂しさは感じていないようだ。寂しさとは、他者の存在を意識して初めて生まれてくる感情だからだ。あるいは、こうも言えるだろう。少なくとも五郎には、料理という親しい友人がいる。だから寂しさの感情は、こころのなかで料理という友人と会話するように食事をしているあいだは忘れていられる。

そう考えるならば、このドラマの孤独は〝楽しい孤独〟ということになるだろう。裏を返せば、社会のリアルにふれることが事前に回避されている。だからこそ、井之頭五郎が食事をしている場面は、その至福の表情が物語るようにまるでユートピアにおける出来事のように感じられる。そこに、テレビの前でこのドラマを深夜に見ている多くの視聴者も憧れと共感を抱くのではあるまいか。どこそこの街にはこんないい店がある、という情報ドラマとしての側面もあるだろうが、それ以上に現代を生きる同じく孤独な私たちの琴線にふれるものが、『孤独のグルメ』にはあるように思える。

他者との関係性にふれる——『きのう何食べた?』のリアル

それに対し、同じく「食」がメインのドラマでありながら、他者との関係性、すなわち社会のリアルにふれているように見えるのが、二〇一九年に「ドラマ24」枠で放送された『きのう何食べた?』(安達奈緒子脚本)である。

よしながふみによる同名漫画が原作で、毎回ひとつの料理がフィーチャーされるところは、『孤独のグルメ』と同じである。

だが違うのは、こちらでは外食ではなく家庭料理がメイン、したがって登場人物の私生活がじっくり描かれる点だ。

西島秀俊が演じる筧史朗(シロさん)と内野聖陽が演じる矢吹賢二(ケンジ)は、ともに四〇代のゲイのカップルで、三年前から同棲生活を送っている。シロさんは、しっかり者で倹約家。料理上手でもある。街の小さな法律事務所で働く弁護士で、職場の同僚には自分が同性愛者であることは言っていない。一方のケンジは、人当たりの良い、明るい性格。時おり子どもっぽいところも垣間見せる。美容院で働く美容師で、職場では同性愛者であることをすでにカミングアウトしている。

ドラマでは、この対照的な二人の日々の生活を中心に、周囲の人びととのあいだに次々巻き起こる出来事が、時にはコミカルに、時にはしみじみと、とても繊細なタッチで描かれる。

二人の恋愛にまつわること、そしてともに暮らしていくなかでのそれぞれへの思いの変化は、ストーリーの軸だ。だが同時に彼らは、職場でのカミングアウトをどうするか。また両親も老いていくなかでそれとどう向き合い、自らの老いにもどう備えるか、などいろいろな問題に直面する。

そこにはもちろん、同性愛者の立場でなければわからない部分もあるだろう。しかし、二人が直面する恋愛のこと、職場のこと、家族のこと、老いのことといった問題は、誰にとっても無関係ではいられない普遍的なものを含んでいる。たとえば、同じ年代で独身の井之頭五郎が自分の老後をどう考えているのかはわからないが、シロさんとケンジは日常の他者との交わりのなかで真面目にそのことを考えざるを得なくなる。つまり、この『きのう何食べた？』は、日常の人間関係の機微を描くことで、自ずと社会のリアルにふれるドラマなのである。

当然、このドラマのなかで最終的な解決策が示されるわけではない。だが、すぐに問題は解決しないものの、毎日ともにする食事、自分たちで作る食事のなかで、二人は自分たちの関係性を確認し、互いのかけがえのなさを実感する。倹約し、健康に気をつけ、時には時間がなくありあわせで作る料理を二人で会話しながら美味しく食べること。それがイコール生きるということなのであり、そうして二人は思い悩みながら生き続ける。

したがって、このドラマでの食事の場面は、視聴者にとって『孤独のグルメ』のように共感するものとは異なる。そうした生き方もあると納得し、ひいては彼らという存在を応援するきっかけになるようなものになっている。ひとにはそれぞれの置かれた状況や生まれつきの嗜好があり、価値観も千差万別だ。だがそこで送られる日常の暮らし、特に「食」には、誰にも共通する部分がある。そしてその部分を仲立ちにして、私たちは他者の生き方を理解し、尊重しようという気持ちになる。そのとき、私たちは多様性や共生の理解に知らずと一歩近づいている。

その意味において、『きのう何食べた？』は、少なからぬ人たちが「生きづらさ」を抱える現代の日本社会をどう生きるか、についての示唆に富む。大切なのは、常人離れした意志や努力ではなく、いかに日常を真摯に生きるかだ。その意味においてこの『きのう何食べた？』は「リアルなフィクション」のひとつの成果であり、テレビ東京のドラマが新境地を示した作品と言えるだろう。

「私テレビ」としてのテレビ東京——日本的テレビメディアの可能性

さて、テレビ東京を〝主人公〟にたどってきた本書の道のりも、そろそろ終わりに近づいたようだ。そこで最後に、ここまでで得られたことを踏まえ、日本的テレビメディアの可能性について少し考えてみたい。

「テレ東的なもの」の核にあるアイデア、企画の独自性。より一般的な言い方をするなら、それは「私」であることへのこだわりだ。

マスメディアであるテレビは公共のものである。一部の人びとの利害を代表するものであったり、その意見を一方的に代弁したりするものであってはならない。それは、NHKという公共放送が存在するように、民放も含めたテレビのひとつの〝常識〟であり、責務である。

だが、それは決して一人ひとりの「私」の存在を軽視していいということではない。その点が混同され、すべてが公共性の名の下に均されてしまえば、テレビは活力を失うだろう。むしろ「私」のアイデアが尊重されることが、テレビというメディアにとっては必要なのだ。

しかしそれは、素朴な意味でのオリジナリティの尊重とは異なる。というのも、ここでのアイデアとは、他者であるスタッフの手を借りて番組というかたちに具現化され、さらにまた別の他者である視聴者に見られて初めて意味を持つようなものだからだ。

元になる発想自体は個別的だが、それは他者とのつながりのなかにしか存在すべき場所を持っていない。テレビの公共性は、そうしたつながりが十分に確保され、さまざまな反応を他者たちのあいだに生むときに初めて生きたものになる。つまり、「社会」のリアルにふれるのである。

本書で事あるごとにふれてきた「テレ東らしさ」とは、そのような本来的な意味での「私」性の発露にほかならなかった。

もちろんそれは、テレビ東京の専売特許ではない。しばしば語られるテレビ草創期の活気もまた、多くの「私」の自由な発想に支えられたものだった。

たとえば、『夢であいましょう』（NHK、一九六一年放送開始）の放送作家であり、自らタレントとしても活躍した永六輔は、そうした「私」のひとりだった。永は、「開局当時はラジオと違って上に偉い人もいないから自由にやれました」と回顧する（荒俣宏『TV博物誌』小学館、一九九六年、二五頁）。またやはり同じ頃、人形劇『ひょっこりひょうたん島』（NHK、一九六四年放送開始）の作者として活躍した作家・井上ひさしも、「わたしが台本作家になったのは、テレビが「自由」そのもののように思われたからだった」（日本放送出版協会編『「放送文化」誌にみる昭和放送史』日本放送出版協会、一九九〇年、二六九頁）と振り返る。

だが永によれば、そうした「作り手の嗜好がとても強かった」初期のテレビも、「皇太子ご成婚あたりから変わり出した」。「スポンサー勢力の台頭、視聴率、局の体制、そういう諸問題が絡んで番組制作に規制が出てくる」ようになった（前掲『TV博物誌』、二五頁）。言い換えれば、最大公約数の視聴者を想定した番組作りが「正しい」ものになり、それ以外の番組作りの姿勢を認めなくなっていったのである。

一方、一九六四年、つまり皇太子ご成婚から五年後に開局したテレビ東京は、ここまで述べてきたように、それ以前にまずそのテレビの輪のなかに入ろうとしても入れなかった。必然的に局全体が「ニッチ」狙いとなった。

その主体となったのが、多様な制作者の存在だった。歴史編でもふれた通り、岩波映画出身の田原総一朗や全日本レスリングチームのコーチだった白石剛達のようなさまざまなバックグラウンドを持つ人物が、その経歴を生かして「私」性の極みとも言える番組作りをした。その際田原がテレビの現場に感じた「三すくみの構造」とは、先述の永六輔が指摘した番組制作への規制と同じものを指しているだろう。ただ永はそれに反発して次第にテレビと距離を置くようになったが、田原はその規制をすり抜けようとした。

ところが平成に入ると、社会状況の大きな変化のなかで、横並び意識の支配する「一億総中流」の時代に代わって個の時代が到来した。そしてテレビも、それに応じて最大公約数ではなく視聴者の個々の嗜好や生きかたを意識せざるを得なくなった。平均的な視聴者だけをイメージするのではなく、文字通り個別的なものとして視聴者をとらえようとするようになった。つまり制作者だけでなく視聴者もまた、多様なものとして発見されたのである。そうした多様な「私」の時代に、テレビ東京が開局以来守り通してきた「テレ東らしさ」が脚光を浴びるのは必然だった。

そこには将来のテレビ像として、私小説ならぬ「私テレビ」の可能性が垣間見える。

制作者の「私」と視聴者の「私」の出会いが作る「私テレビ」。それは本書の冒頭で掲げた「私たちはなぜ、テレビを愛するのか?」という問いへの答えでもある。テレビが「私テレビ」となるとき、私たちは画面を通して出会う他者を愛すべき隣人として肯定するようになる。それが、テレビを愛するということにほかならない。そしてそのことに私たち視聴者が改めて気づいたとき、「私テレビ」をずっと実践してきたテレビ東京は、愛すべきテレビ局として発見されたのである。

だがそんな「私テレビ」も、テレビ全体の状況から言えばまだせいぜいようやく芽吹いた段階であるにすぎない。「はじめに」で引いた伊藤隆行の言葉を借りれば、テレビ東京が「テレ東らしく勝つ」ことはできるのか？　そこに日本的テレビメディアの未来もかかっているに違いない。

あとがき

本書は、テレビ東京という民放テレビ局の歴史をたどりつつ、近年におけるこのテレビ局への注目度の高まりの理由、その背景について社会学的およびメディア論的に考察したものである。

私がテレビ東京に出会ったのは、大学に通うため上京した一九七九年だった。地方で生まれ育った私は、それまでテレビ東京（そのときはまだ「東京12チャンネル」だったが）の存在自体よく知らなかった。地元のテレビ局ではなぜか昼間に放送されていた『プレイガール』が実は東京12チャンネルの番組であると知ったのは、だいぶ後のことである。

その一九七九年は、振り返ってみると東京12チャンネルがちょうどテレビ局としての転機を迎え、活気づき始めた頃だったのがわかる。

本文でも述べたが、同局の代名詞となった正月の「12時間ドラマ」のきっかけとなる映画『人間の條件』の一二時間放送、箱根駅伝の初テレビ放送、また現在も続く朝の子ども向け情報番組の出発点である『おはようスタジオ』、そして後の同局の素人参加路線の先駆けとなったバラエティ番組『所ジョージのドバドバ大爆弾』の開始などは、いずれもこの年のことである。また前年には、恒例の隅田川花火大会の独占中継も始まった。

こう改めて並べてみても、そこには不思議な二面性がある。大胆不敵とも言える冒険をいとわない姿勢の一方で、ローカル色あふれるどこか愛すべきのんびりした面が同居しているのである。まさに本書のタイトル通り「攻めてるテレ東、愛されるテレ東」であり、その二面性は一九八一年に「東京12チャンネル」から「テレビ東京」になり、その後在京キー局の仲間入りをしても変わらなかった。そして私は、そんなテレビ東京を好きでずっと見続けてきた。

日本でテレビの本放送が始まって六六年余り。いつの時代も各テレビ局、特に在京民放テレビ局は鎬を削ってきた。そのなかで、各局が得意とするジャンルも生まれた。古くは「スポーツの日テレ」に「報道のTBS」「ドラマのTBS」、さらに一九八〇年代になると「バラエティのフジ」や「報道のテレビ朝日」などといったフレーズが、それぞれの時代を彩った。

一方、科学教育専門局としてスタートした東京12チャンネルは、テレビ東京になってもずっとそうした競争の蚊帳の外であった。その結果、「番外地」という不名誉な呼び名までもらうことになった。しかし平成になると、テレビ東京は一転して脚光を浴びる。極言すれば、「テレ東の時代」が到来したのである。

ただ、そこに「〇〇のテレ東」というようなフレーズは特に生まれなかったように思う。それはおそらく、個々の番組ジャンルではなく、テレビ東京というテレビ局そのものが個性的だったからである。大胆不敵でありながら、どこかのんびりとしてもいる。そうした二面性を保ちながら、我が道を行くテレビ局。それは、他の在京キー局には見当たらない唯一無二の個性だった。

そしてその個性は、いまや多くの視聴者に認知されている。他局の番組を見て、企画が直接似たものではなくても「テレ東っぽい」と感じることがあるのは、その証拠だろう。私たちは、知らず知らずのうちにテレビ東京を基準にテレビを見るようにさえなっている。

だがこのようにテレビ東京が存在感を増す時代は、〝テレビの閉塞状況〟が見え隠れする時代でもある。かつては得意ジャンルを押し立てて競い合った在京キー局も、テレビそのものがメディア産業として大きく成長し、それに伴い視聴率競争もいっそうシビアなものになった結果、各局の違いはあいまいになり、番組の内容やテイストも似てしまうという逆説的閉塞状況が生まれた。

したがって本書では、私が時代的にタイミングよく出会ったテレビ東京というユニークなテレビ局の魅力を探るだけでなく、テレビ東京という存在を通じてそうした現在の閉塞状況について考察を加えることも重要な目的としてある。そのあたりの意図も汲み取っていただければ、著者として望外の喜びである。

今回の企画は、同じ東京大学出版会から刊行された論集『社会が現れるとき』（若林幹夫・立岩真也・佐藤俊樹編）に収められた拙稿のなかのテレビ東京についての記述に同出版会の木村素明さんが注目してくださったことに端を発している。木村さんには、その後原稿執筆から本の完成にいたるまで終始お世話になった。『社会が現れるとき』の際にお世話になった宗司光治さんとともに、この場を借りて心から感謝したい。また私事になるが、今年はそれぞれテーマの異なるテレビ論を続けて刊行する幸運にも恵まれた。その締めくくりとなる本書を執筆する機会を与えていただいたことにも併せて感謝したい。

二〇一九年八月

太田省一

太田省一　おおた・しょういち
社会学者、文筆家。一九六〇年生。東京大学大学院社会学研究科博士課程単位取得満期退学。専門は社会学、テレビ文化論、ポピュラー文化論など。著書に『テレビ社会ニッポン』(せりか書房)、『平成テレビジョン・スタディーズ』(青土社)、『中居正広という生き方』『社会は笑う・増補版』(いずれも青弓社)、『紅白歌合戦と日本人』『アイドル進化論』(いずれも筑摩書房)、『マツコの何が〝デラックス〟か?』『芸人最強社会ニッポン』(いずれも朝日新聞出版)など。

攻めてるテレ東、愛されるテレ東
「番外地」テレビ局の生存戦略

二〇一九年一〇月三〇日　初版

著者　太田省一
発行所　一般財団法人 東京大学出版会
代表者　吉見俊哉
一五三-〇〇四一 東京都目黒区駒場四-五-二九
http://www.utp.or.jp/
電話〇三-六四〇七-一〇六九 FAX〇三-六四〇七-一九九一
振替〇〇一六〇-六-五九九六四
ブックデザイン　鈴木成一デザイン室
イラストレーション　早川志織
組版　有限会社プログレス
印刷所　株式会社ヒライ
製本所　牧製本印刷株式会社
[検印廃止]

ISBN 978-4-13-053029-3　Printed in Japan